"悦科普"书系

地球与人类

刘后昌　编著

湖南地图出版社·长沙

图书在版编目（ＣＩＰ）数据

地球与人类 / 刘后昌编著 . -- 长沙：湖南地图出版社 , 2024.5
ISBN 978-7-5530-1569-9

Ⅰ.①地… Ⅱ.①刘… Ⅲ.①地球—关系—人类环境—普及读物 Ⅳ.① P183-49 ② X21-49

中国国家版本馆 CIP 数据核字（2024）第 099805 号

地 球 与 人 类

DIQIU YU RENLEI

编　　著：刘后昌
责任编辑：易弘键　黄爱姣　尹　莎　刘海英
出版发行：湖南地图出版社
地　　址：长沙市芙蓉南路四段 158 号
邮　　编：410118
印　　刷：湖南地图出版社
版　　次：2024 年 5 月第 1 版
印　　次：2024 年 5 月第 1 次印刷
开　　本：710 毫米 ×1000 毫米　1/16
印　　张：12
字　　数：180 千字
书　　号：ISBN 978-7-5530-1569-9
审 图 号：GS（2024）2008 号
定　　价：29.80 元

序言

王柯敏

习近平总书记指出："科技创新、科学普及是实现创新发展的两翼，要把科学普及放在与科技创新同等重要的位置。"党的二十大报告历史性地将教育、科技、人才"三位一体"统筹部署，进一步明确了科普发展的战略任务和使命导向。科学普及在提升公民科学素养、培育高素质创新大军、弘扬全社会科学精神等方面正在发挥越来越积极的作用。中小学生作为国家的未来和希望，他们的科学素养直接关系到国家的创新能力和发展潜力。加强中小学生的科普教育，提高他们的科学素养，显得尤为重要。

科普阅读，恰恰是开启智慧之门、引领孩子们走进科学殿堂的一把钥匙，更是同学们涵养科学精神、提升科学素养的重要途径。为此，湖南省教育厅联合湖南省科协、湖南出版集团共同开展了"科普阅读行动"，旨在通过评选并推荐一系列优秀的科普图书，为广大中小学生提供一份覆盖广、角度全、权威性强的科普阅读指南，帮助中小学生开阔视野、增长知识，提升自主探索和解决问题的能力，为将来走向社会奠定坚实基础。

科学成就离不开精神支撑。弘扬科学家精神，立德树人是本次行动的核心宗旨。这次遴选的图书包含了《"共和国勋章"获得者的故事：于敏》《杨振宁的故事》《共和国的数学家》等相当一部分科学家传记，它们生动记叙了科学家的成长经历和研究历程，深入挖掘了他们的精神内涵。正如法捷耶夫所言："青年的思想愈被范例的力量所激励，就愈会发出强烈的光辉。"通过阅读科学家传记，中小学生能学习到科学家坚韧不拔、勇于探索、追求真理的崇高品质，获得宝贵的精神财富，激励他们在未来的人生中锚定热爱、心怀梦想，一往无前。

这些书目，一方面涵盖了数学、生物、物理等多个领域，与中小学生的学科学习紧密相关；另一方面，还有如《中国智造》《重器》《人工智能极简史》等关切当下热点，聚焦前沿科技，弘扬科技强国理念的作品。通过阅读这些图书，学生们可以深入了解生命的奥秘、感知自然的神奇、探索宇宙的无穷、感受科技的力量，从而激发他们对世界的兴趣和好奇心，加深对科学原理的认识和理解。

更为难得的是，面对未来跨学科融合的趋势，此次推荐的书目，不仅限于现代自然科学知识，还十分注重对中华传统文化的继承与弘扬，比如《中华造物记》《物语诗心：古诗与物理奇遇记》《二十四节气》等书籍，就有机地将科学与文化相结合，让中小学生在了解科学知识的同时，也了解祖国的悠久历史和灿烂文化，感受中华文明的博大精深，激发他们的民族自豪感和文化自信。

书单还针对不同年龄段学生的特点对图书的难度和侧重点进行了精心安排，既保证了科普阅读的连贯性和系统性，又充分考虑了不同学段学生的认知特点和学习需求。比如针对小学低年级孩子主要推荐科普绘本，它们色彩鲜艳、画面生动，将复杂的科学原理用直观可感的方式呈现；推荐给小学中高年级孩子的图书大多将科学家精神、科学知识有机融入故事中，通过生动活泼的讲述、妙趣横生的比喻有效提升孩子的文本阅读兴趣，同时也让他们学会写作叙事的技巧；面向初高中学生，书单推荐了《费曼讲物理：入门》《十问：霍金沉思录》等经典佳作，它们是人类智慧的精粹，能提升学生的思辨力，让学生学会客观、审慎地看待自我和世界。

那么，应该如何用好这份书单呢？首先，家长和老师在选择图书时，要适当考虑孩子的年龄、充分尊重孩子的兴趣。其次，鼓励孩子们在阅读过程中积极思考、提问和讨论，引导孩子们关注书中的科学原理、实验方法和科学精神，与他们一起探讨和解答疑惑。此外，还可以结合观察实验、观看科普视频、参观科技馆等实践活动来深化阅读效果。

我相信此次"科普阅读行动"，会推动更多的孩子们踏上科普阅读、博学明辨、慎思笃行的成长旅程。我们也会持续关注科普教育的发展动态，为培养更多具有创新精神和科学素养的新一代人才而不懈努力。相信在不久的将来，许许多多热爱科学、勇于探索的孩子将成为推动社会进步的重要力量，为实现中华民族伟大复兴的中国梦贡献自己的智慧和力量。

（作者系湖南省教育基金会第四届理事会理事长，湖南省人大常委会原党组副书记、副主任，湖南省教育厅原党组书记、厅长，湖南省委教育工委原书记，湖南省科技厅原党组书记、厅长，湖南大学原校长）

编者的话

什么叫宇宙？早在战国时代就有一位学者对宇宙有一个很好的定义："四方上下曰宇，往古来今曰宙"，就是说宇宙是由无限的空间和无限的时间构成。

《地球与人类》这本书，就是写宇宙、写地球、写地理、写人类、写地球环境，反映"天、地、人"的相互依存关系。中国古代老子说："人法地，地法天，天法道，道法自然。"他主张无为而治，追求人与自然关系的和谐。没有天，也就没有地；没有地，也就没有人。有了人，地才变得繁荣富饶；有了地，天就显得变幻莫测。天离不开地，地离不开人，人离不开天地，共存共荣，天人合一，奏出美妙乐章。

当今世界，"天、地、人"相互关系，正在发生重大变化。天在变，地在变，人类生存环境也在变。全球变暖、南北极冰川融化、洪水泛滥、干旱饥渴，以及火山、地震、风暴……灾害伴随着"人口爆炸"性增长，使人类的家园——地球处于危难之中。人们已发出呼吁：立即行动起来，拯救地球。

要拯救地球、保护地球，就必须善待地球。因此，首先要了解宇宙，认识地球。《地球与人类》将为你提供一些宇宙空间和地球科普知识、世界地理知识、人类发展知识，更多的是地球环境现状和已发生的各种灾难性事件，让读者增强地球忧患意识，提高保护地球环境的自觉性，守住我们的家园。

目 录

第一篇

地球·家园

"世界地球日"诞生记

盖洛德·尼尔森

原编者按：2024 年 4 月 22 日是第 55 个"世界地球日"。在纪念这个全球性纪念日之际，我们应该记住一个人——被誉为"世界地球日"之父的盖洛德·尼尔森。尽管他已离世多年，但是我们不会忘记他为地球生态、世界环境保护所作的贡献以及他对人类生存环境所给予的极大关注。在此，特刊载他生前所发表的《"世界地球日"诞生记》，重温"世界地球日"诞生前后的那些历史时刻。

创立"世界地球日"的目的何在？"世界地球日"又是如何发起的？这是我最常被问到的问题。

实际上，创立"世界地球日"的想法始于 1962 年，这一构想在随后 7 年间几经变化。一直以来，我常被一个问题所困扰，以至寝食难安，那就是生态环境恶化从来没有成为美国政坛讨论的焦点。怎样才能让他们对这个问题给予足够的关注和重视？1962 年 11 月，一个想法忽然出现在我脑海中——说服约翰·肯尼迪总统在美国国内进行一次有关环境保护的长途旅行，让长期以来被美国政坛忽视的环境问题浮出水面。

我立即启程飞往华盛顿，向美国司法部部长罗伯特·肯尼迪提出了这一想法，他表示出了极大的认同。令人兴奋的是，肯尼迪总统也持相同的意见，并在 1963 年实施了历时 5 天、跨越 11 州的环保之旅。出于种种原因，肯尼迪总统的环保之旅未能使环境问题成为美国政坛的议题之一，但却成为创立"世界地球日"构想的萌芽。

在肯尼迪总统的环保之旅结束之后，我仍在想一些办法，力图推动环境问题成为政治议题的一部分。在全美各地，环境恶化的事实几乎无处不在。尽管如此，环境问题并没有被提上政府的重要议事日程。普通民众对此忧心忡忡，但是政治家们却置若罔闻，好像什么也没有发生似的。

六年光阴匆匆而过。1969 年盛夏，在西部的一次环保之旅中，创立"世界地球日"的想法忽然占据了我的脑海。我想，面对日渐恶化的生态环境，为何不举行一次声势浩大的群众性抗议活动？如果我们能引起大众对环境的关注，鼓舞学生把热情和精力投入环保事业中去，我们就有可能举行大规模游行示威，迫使政治家们将这一问题作为讨论的议题。这堪称孤注一掷，但却值得一试。

在 1969 年 9 月西雅图的一次会议上，我宣布，1970 年的春天将举行一场宣扬环保意识的全国性群众游行，邀请与会人士参加。这一消息迅速传遍全美，公众的反应让人激动万分，他们开始为环境保护投入极大热情。之后，电报、信件、电话从全国各地源源不断涌来。美国人民最终拥有了一个公开的途径，去表达他们对土地、湖泊、空气现状的忧虑之情。1969 年 11 月 30 日星期日，即创立"世界地球日"的 5 个月前，《纽约时报》登载了由格拉德维·希尔撰写的文章，揭露了一些触目惊心的环境事件：

"对环境危机的日益担忧之情正席卷全国各大校园，与学生对越战的不满相比，后者黯然失色。明年春天将设立一个有关宣传环境问题的全国性活动，具体日期正在酝酿之中，届时，一个在盖洛德·尼尔森参议员办公室协调下的全国环境'时政宣讲会'将举行。"

显然，我们创立"世界地球日"的努力终将获得辉煌胜利。种种迹象还表明，群众性活动的热情让我的参议员办公室员工苦不堪言，他们对蜂拥而至的电话、日常文书工作和采访要求应接不暇。1970

年 1 月中旬，即创立"世界地球日"的 3 个月前，民间游说组织"共同理想"的创始人约翰·加德纳向我们提供了临时办公地点，作为设立华盛顿特区总部所用。

我招募了很多大学生前来帮忙，指派丹尼斯·海耶斯作为活动协调员。"世界地球日"之所以能够有如此大的影响力，主要归功于群众的积极参与和自发性活动。我们既没有时间也没精力去组织 2000 万人、数千所学校和当地社区参加的大规模游行。这是"世界地球日"不同寻常的风景，是一种完全的自发行为。

（作者时任美国参议员）

附：1995 年 9 月 29 日，时任美国总统克林顿向盖洛德·尼尔森颁发了总统自由勋章，并作出如下评价："总统自由勋章是嘉奖美国公民的最高荣誉。25 年前，我们因第一个'世界地球日'的到来走到了一起，这全要归功于一个人——盖洛德·尼尔森。作为'世界地球日'之父，他的言行让我们铭记：珍惜现有自然资源，就如同珍惜我们的梦想。我希望，盖洛德·尼尔森的光辉模范作用能够成为这座城市的指路明灯。"

（杨孝文 编译）

珍爱地球 人与自然和谐共生

——写在 2023 年"世界地球日"之际

王广华

4 月 22 日是第 54 个"世界地球日"，我国围绕"珍爱地球 人与自然和谐共生"这一主题开展宣传活动，旨在深入学习宣传贯彻习近平生态文明思想，引导全社会牢固树立和践行绿水青山就是金山银山的理念，贯彻"节约资源和保护环境"的基本国策，坚持节约优先、保护优先、自然恢复为主的方针，进一步加强自然资源保护利用，促进绿色低碳发展，共同建设美丽中国。

地球是人类赖以生存的唯一家园。人与自然是生命共同体，只有处理好人与自然的关系，维护生态系统平衡，才能守护人类健康。习近平总书记指出："人与自然应和谐共生。当人类友好保护自然时，自然的回报是慷慨的；当人类粗暴掠夺自然时，自然的惩罚也是无情的。我们要深怀对自然的敬畏之心，尊重自然、顺应自然、保护自然，构建人与自然和谐共生的地球家园。"

党的十八大以来，在习近平生态文明思想指引下，我国生态文明制度体系更加健全，生态文明理念深入人心，生态文明实践扎实推进，生态文明建设取得历史性成就。自然资源部门深入学习贯彻习近平生态文明思想，认真履行统一行使全民所有自然资源资产所有者职责、统一行使所有国土空间用途管制和生态保护修复职责，统筹严格保护和合理利用资源，为经济社会发展和美丽中国建设奠定坚实的基础。我国编制完成首部"多规合一"的国家级国土空间规划，坚持统筹发展和安全，在科学划定耕地和永久基本农田保护红线、生态保护红线、城镇开发边界三条控制线基础上，优化国土空间开发保护格局，为构建新发展格局、实现高质量发展提供空间保障。我国率先提出和实施生态保护红线制度，将生态功能极重要、生态极脆弱以及具有潜在重要生态价值的区域划入生态保护红线，全国划定生态保护红线范围不低于315万平方千米，其中陆域生态保护红线不低于300万平方千米，占陆域国土面积的30%以上，实现一条红线管控重要生态空间，筑牢中华民族永续发展的根基。我国坚持山水林田湖草沙一体化保护和系统治理，在"三区四带"国家生态安全屏障统筹实施44个山水林田湖草沙一体化保护和修复工程，"十三五"以来累计完成生态保护和修复面积约 537 万公顷，"中国山水工程"入选联合国首批世界十大生态恢复旗舰项目，被联合国环境署评价为全世界最有希望、最具雄心、最鼓舞人心的大尺度生态修复范例之一，彰显了我国持续推进生态保护修复的决心，为全球生态保护修复提供了中国智慧和中国方案。我国推动建设世界上最大的国家公园体系，逐步把自然生态系统最重要、自然景观最独特、自然遗产最精华、生物多样性最富集的区域纳入国家公园体系，正式设立三江源、东北虎豹、大熊猫、海南热带雨林、武夷山等第一批国家公园，保护面积达 23 万平方千米，涵盖近 30% 的陆域国家重点保护野生动植物种类。我国科学开展大规模国土绿化行动，人工造林规模世界第一，森林覆盖率达到 24.02%、森林蓄积量达到 194.93 亿立方米，近十年全球增加的森林面积 1/4 来自我国；全国草地面积 39.64 亿亩，划定基本草原 37 亿亩。我国加强生物多样性保护，重点野生动植物种群稳中有升，65% 的高等植物群落、74% 的重点保护野生动植物物种得到有效保护，300 余种珍稀濒危野生动植物种群得到恢复性增长。

党的二十大提出，以中国式现代化全面推进中华民族伟大复兴。中国式现代化是人与自然和谐共生的现代化。尊重自然、顺应自然、保护自然是全面建设社会主义现代化国家的内在要求。我们必须坚持以习近平新时代中国特色社会主义思想为指导，全面贯彻党的二十大精神，积极践行习近平生态文明思想，完整准确全面贯彻新发展理念，站在人与自然和谐共生的高度谋划发展，把统筹处理人与自然的关系、发展和保护的关系作为重大原则，坚持"严守资源安全底线、优化国土空间格局、促进绿色低碳发展、维护资源资产权益"的工作定位，全面做好自然资源保护利用工作，推进党中央重大决策部署落地见效，为建设人与自然和谐共生的现代化贡献力量。

一是统筹做好自然资源要素保障，严守资源安全底线。夯实粮食、能源资源安全基础，强化海洋、测绘地理信息数据等安全保障体系，提高安全发展能力。优化自然资源要素保障方式，坚持"项目跟着规划走、要素跟着项目走"，规范重大项目用地清单。牢牢守住十八亿亩耕地红线，推进耕地数量、质量、生态"三位一体"保护。提高矿产资源国内供给储备保障能力，组织实施新一轮找矿突破战略行动。推动国家海洋安全保障能力建设。全面推进国土空间基础信息平台和实景三维中国建设，强化测绘地理信息安全监管。加强地质、海洋灾害防治，切实维护人民生命财产安全。

二是守住自然生态安全边界，优化国土空间格局。推动构建优势互补、高质量发展的区域经济布局和国土空间体系，深入实践区域协调发展战略、区域重大战略、主体功能区战略、新型城镇化战略。深化"多规合一"改革，健全主体功能区制度，编制实施各级国土空间规划总体规划、详细规划和相关专项规划，积极引导城市更新行动和乡村建设行动。完善国土空间规划政策法规和技术标准体系，加快构建基于国土空间规划"一张图"的国土空间开发保护监测评估预警体系。构建统一的国土空间用途管制制度，严格落实"三区三线"等空间管控要求。陆海统筹，加快海洋强国建设，严格管控新增围填海和新增用岛。扎实推进全域土地综合整治，在耕地总量不减少、永久基本农田布局基本稳定的前提下，因地制宜优化农业生产空间布局，使其更加符合自然地理格局和农业生产规律。

三是提高自然资源利用水平，促进绿色低碳发展。推进自然资源节约集约利用，重点加强土地资源、矿产资源、海洋资源、林草资源的保护和监管。严格生态保护红线监管，稳妥推进自然保护地整合优化工作。研究制定加强山水林田湖草沙一体化保护和系统治理的指导意见。加快实施重要生态系统保护和修复重大工程，科学开展大规模国土绿化行动，推进实施山水工程、废弃矿山生态修复、海洋生态修复工程等。实施生态系统碳汇能力巩固提升专项行动，有效发挥森林、草原、湿地、海洋、土壤、冻土的固碳作用，巩固提升生态系统碳汇能力。建立健全生态保护补偿机制和生态产品价值实现机制。广泛发动社会力量，共同推进物种保护。

四是提升自然资源治理能力，维护资源资产权益。更好发挥产权制度的激励约束作用，实现好、维护好、发展好各类自然资源资产产权主体合法权益。完善自然资源资产产权体系，丰富不同门类自然资源资产权利。深化自然资源统一调查，加快健全完善自然资源统一调查监测评价体系。切实做好自然资源和不动产统一确权登记，提升不动产登记规范化便利化水平。加快构建统一行使全民所有自然资源资产所有者职责的体制机制，全面建立清单制度。全力推进耕地保护法、矿产资源法、国土空间开发保护法、不动产登记法、国家公园法以及自然保护区条例立法工作。提高自然资源督察执法效能，以监督"三区三线"和国土空间规划落地实施为重点开展自然资源督察。全面推进严格规范公正文明执法，严肃查处违法占用耕地和违法采矿破坏生态等行为，加大关系群众切身利益的自然资源领域执法力度，坚决维护群众合法权益。

大自然是人类赖以生存发展的基本条件。只有一个地球，共有一个家园。珍爱地球，人与自然和谐共生，需要全社会的共同努力。让我们更加紧密地团结在以习近平同志为核心的党中央周围，积极践行人与自然和谐共生的发展理念，携手构建人与自然生命共同体，共同为子孙后代建设一个清洁美丽的地球家园。

（作者为自然资源部党组书记、部长）

　　　　　　　　　　　　　　　　　　地球与人类

历届"世界地球日"主题

届　次	年　份	主　　题
第 55 届	2024	全球战塑
第 54 届	2023	众生的地球
第 53 届	2022	携手为保护地球投资
第 52 届	2021	修复我们的地球
第 51 届	2020	珍爱地球，人与自然和谐共生
第 50 届	2019	珍爱美丽地球，守护自然资源
第 49 届	2018	珍惜自然资源，呵护美丽国土——讲好我们的地球故事
第 48 届	2017	节约集约利用资源，倡导绿色简约生活——讲好我们的地球故事
第 47 届	2016	节约集约利用资源，倡导绿色简约生活
第 46 届	2015	珍惜地球资源，转变发展方式——提高资源利用效益
第 45 届	2014	珍惜地球资源，转变发展方式——节约集约利用国土资源 共同保护自然生态空间
第 44 届	2013	珍惜地球资源，转变发展方式——促进生态文明，共建美丽中国
第 43 届	2012	珍惜地球资源，转变发展方式——推进找矿突破，保障科学发展
第 42 届	2011	珍惜地球资源，转变发展方式——倡导低碳生活
第 41 届	2010	珍惜地球资源，转变发展方式——倡导低碳生活
第 40 届	2009	绿色世纪
第 39 届	2008	善待地球——从身边的小事做起
第 38 届	2007	善待地球——从节约资源做起
第 37 届	2006	善待地球——珍惜资源，持续发展
第 36 届	2005	善待地球——科学发展，构建和谐
第 35 届	2004	善待地球，科学发展
第 34 届	2003	善待地球，保护环境
第 33 届	2002	让地球充满生机
第 32 届	2001	世间万物，生命之网
第 31 届	2000	2000 环境千年——行动起来吧！

届 次	年 份	主 题
第 30 届	1999	拯救地球，就是拯救未来
第 29 届	1998	为了地球上的生命——拯救我们的海洋
第 28 届	1997	为了地球上的生命
第 27 届	1996	我们的地球、居住地、家园
第 26 届	1995	各国人民联合起来，创造更加美好的世界
第 25 届	1994	一个地球，一个家庭
第 24 届	1993	贫穷与环境——摆脱恶性循环
第 23 届	1992	只有一个地球——齐关心，共同分享
第 22 届	1991	气候变化——需要全球合作
第 21 届	1990	儿童与环境
第 20 届	1989	警惕，全球变暖！
第 19 届	1988	保护环境、持续发展、公众参与
第 18 届	1987	环境与居住
第 17 届	1986	环境与和平
第 16 届	1985	青年、人口、环境
第 15 届	1984	沙漠化
第 14 届	1983	管理和处置有害废弃物；防治酸雨破坏和提高能源利用率
第 13 届	1982	纪念斯德哥尔摩人类环境会议 10 周年——提高环境意识
第 12 届	1981	保护地下水和人类食物链；防治有毒化学品污染
第 11 届	1980	新的 10 年，新的挑战——没有破坏的发展
第 10 届	1979	为了儿童和未来——没有破坏的发展
第 09 届	1978	没有破坏的发展
第 08 届	1977	关注臭氧层破坏、水土流失、土壤退化和滥伐森林
第 07 届	1976	水：生命的重要源泉
第 06 届	1975	人类居住
第 05 届	1974	只有一个地球
第 04 届	1973	无
第 03 届	1972	无
第 02 届	1971	无
第 01 届	1970	无

爱你，就像爱生命

（14位作家感言）

地球还是我们的母亲吗？

《地球，我的母亲！》，是几十年前读中学时朗诵过的诗人郭沫若先生的一首诗。如今，对森林的滥砍滥伐，对河流的肆意污染，对草原的大面积的沙化……这一切都是我们所做的事情。地球，还是我们的母亲吗？或者说这应该是我们对待母亲的方式吗？

肖复兴 / 中国当代作家

离愚蠢和贪婪远一些

我们最重要的外在资源是国土和水，最重要的内在资源是智慧与良知。后者匮乏，则前者必然不保。为了生存得好一些、久一些，让我们尽可能地离愚蠢远一些，离贪婪更远一些吧！

刘恒 / 中国文联副主席，《北京文学》主编

它比生命更重要

地球是人类唯一赖以生存的根本，是全人类以及地球上所有生物共有的家园，包括植物、动物、高山、大海，包括一棵草，一条河，一只蚂蚁。人类只是地球上生长的生命之一种，而不是全部。我们应该敬畏地球、尊崇地球，因为它比生命更重要。

李锐 / 中国当代作家

我们不要做太空的孤儿

常常想，如果地球毁灭了，我们到哪里去呢？月亮是个不毛之地，火星也不舒服，更远的星系也不见得更适合人类居住。思来想去，还是地球好啊！为什么要虐待自己唯一的家园呢？失去了地球，我们就

成了真正的太空孤儿。到那个时候，我们的眼泪会因为失重，变成陨冰。

毕淑敏 / 中国当代作家

家园只有一个

人类的家园只有一个，那就是地球。这是老话，也是亘古不变的真理。地球是不可能再生的，当我们把她破坏了以后，人到哪里去住？过去，人们对这个问题不太重视，喜欢讲征服自然。对这种观念，培根曾纠正过：人类只有遵循自然的规律，才能征服自然。现在，当资源、环境破坏越来越严重，人类的生存危机越来越迫切的时候，培根的话也已经不对了：我们不要征服自然，而是要和自然和谐相处。

屠岸 / 著名诗人，翻译家，出版家

从保护每一片土地开始

其实，我们民族向来都有保护地球、与自然和谐相处的意识和传统，从庄子的《齐物论》，到佛教慈悲为怀不杀生的理论，都表现出和地球和谐相处的观念。在工业污染日益严重的今天，这种传统更应该深入每个人的血液里，保护地球，从每个人保护脚下的一小片土地开始。同时，要呼唤国家法律的介入，以政府制约的力度，实现保护地球的目的。

刘亮程 / 中国作家协会散文委员会副主任，新疆作家协会主席

变化的忧虑

我的老家在黄海北岸，它先是通了公路，后又通了高速公路，如今又要通铁路。家乡离外面的城市越来越近，可是土地的迅速减少让我忧虑，我不知该如何协调这对矛盾，只希望我们在建设家园时，最大程度地保护我们的土地，保护我们生存的环境。

孙惠芬 / 辽宁省作家协会副主席

保护地球，从自己做起

地球是生命的母亲，人类是她的孩子。母亲生养哺育了我们，我们难道不应该时时思考，怎样才能保护母亲，反哺母亲？我想，一切都从自己身边做起吧，拒绝奢侈和浪费，节每一滴水，省每一度电，清洁我们周围的每一寸空气。

赵丽宏 / 作家，散文家，诗人

不要再提"征服"

人类总是想逃脱或阻挡宇宙间的自然变易，甚至妄图征服与改造自然，所收获的却是来自自然日甚一日的惩罚。如今，不断觉醒的人类正逐渐顺应自然规律，其中最关键的，则是不再提"征服""改造""斗争"的口号，并且强迫实行。须知，人与自然的和谐不能基于任何强权意识。

艾若 / 中国作家协会会员，鲁迅文学院原教务长

遵守大自然的道德规范

经过近 30 年的高速发展，中国社会已到了必须高度重视保护生态环境的关键时刻。虽然已经有了禁止使用超薄塑料袋等法规，但要真正做到能使我们自己还有子孙后代安享宇宙中的地球奇迹所赐予的奇妙，最大的难度在于，每个人的行为是否既符合人类的基本道德规范，又符合大自然的道德规范。

刘醒龙 / 湖北省文学艺术界联合会名誉主席

每个人都应该行动起来

地球与人的关系不仅仅是经济方面的，更有精神方面的。一个人要有伟大的情操，良好的环境必不可少。过去曹操写《观沧海》，是因为大自然的壮美能激发人的想象。而如今，经济发展的压力，让我们在很多地方作了妥协，让我们的环境面临着重要危机。所以，我

们每个人都应该关心身边的环境，为环境的良性循环做一点事情。

格非 / 中国作家协会副主席，清华大学文学创作与研究中心主任

不要成为千古罪人

地球是人类赖以维持自己生存的家园，我们一定要通过辛勤与智慧的劳动，创造出更为美丽和舒适的环境。绝对不能够污染和毁坏这片神奇的山水与土地。不管在东方还是西方，如果有谁为了满足自私与贪婪的念头，大规模地去污染和毁坏我们这可爱的家园，必然会成为千古的罪人。

林非 / 中国散文家协会名誉会长

母亲的容忍也有限度

天下的母亲对自己的孩子，都或多或少地有娇惯和纵容行为，但对浪子和出轨子女，她们通常会扬起巴掌。地球母亲也是这样，对她养育的子女偶尔的不敬，常会宽容一笑，可她的容忍也有限度，当她觉得孩子们的胡闹已令她难以呼吸甚至遍体鳞伤疼痛不已，她也会发怒的，地震、飓风、洪水、暴雪、海啸、大旱，就是她发怒的表现。所以我们应当小心侍奉地球母亲，不能惹她大怒，否则万一她怒极失手按动了极端低温按钮，让地球回到史前冰河时代可怎么办？

周大新 / 中国当代作家

重建共同的家园

孟子说过："当尧之时……草木畅茂，禽兽繁殖，五谷不登，禽兽逼人，兽蹄鸟迹之道交于中国。尧独忧之，举舜而敷治焉。舜使益掌火，益烈山泽而焚之，禽兽逃匿。"就这样，人类和"禽兽"们分离了几千年。如今，人类幡然醒悟，欲与"禽兽"们重修旧好，重建共同的家园，却没有了尧舜，只能靠我们的努力了。

方敏 / 中国当代作家

第二篇

宇宙与地球

宇宙的起源——大爆炸宇宙理论

万事万物如何起源？从一开始，所有的解释都面临一个普遍的难题：某种事物，例如宇宙如何从无到有？

人类对宇宙的探索，是一个有始无终的过程，永远不会终结，除非人类从宇宙中消失。

在 20 世纪的前半叶，科学家形成一种理论，称之为"大爆炸宇宙理论"。但有人提出一个新问题：如果宇宙真的是由大爆炸而来的，那么，将来还会再来一次大爆炸吗？于是，有神论者通过引用《圣经》上的话发表看法："'起初，神创造天地。地是空虚混沌，渊面黑暗……'这不正是大爆炸之前的情景吗？可见是万能的上帝创造了大爆炸，从而创造了宇宙。"结果无神论者面临两难境地：否认大爆炸，显然与观测到的事实不符；承认大爆炸，又会被有神论者误解为同类相从。

科学家们进一步研究认为，宇宙并不是无限古老的，也不是永恒存在的。宇宙是从一个无限小的"奇点"开始，它迅速膨胀，并且至今仍在膨胀。1927 年，大爆炸宇宙理论的创始人之一乔治·勒梅特（1894—1966）提出，早期的宇宙极其微小，比原子还小。这个像原子大小的宇宙温度高达几万亿摄氏度，它在极短的时间内膨胀而产生爆炸，宇宙以远超物质移动速度的空间急速扩张的形式膨胀，在引力作用下迅速分离。这一过程的强度难以想象：爆炸之前，宇宙比一个原子还小；而一瞬间之后，变得比一个星系还大。

1948 年，俄裔美国科学家乔治·伽莫夫（1904—1968）进一步肯定大爆炸理论。他认为，宇宙开始是个高温致密的火球，它不断向各个方向迅速膨胀。当温度和密度降低到一定程度，这个火球发生剧烈的核聚变反应。随着温度和密度进一步降低，宇宙早期存在的微粒在引力作用下不断聚集，最后逐渐形成今天宇宙中的各种天体。

最终使绝大多数天文学家接受大爆炸理论的是宇宙微波背景辐射（CMBR）的发现。在几十万年前的某个时间点，早期宇宙过于活跃，温度太高，无法形成原子。当温度终于降到足够低的时候，带正电荷的质子捕获到带负电荷的电子，形成一个新的稳定状态。主张大爆炸的理论家预言，在这个临界点上，会释放出巨大的能量，其残留物至今仍可测出。

宇宙大爆炸模型示意图

阿尔诺·彭齐亚斯（1933—2024）和罗伯特·威尔逊因发现宇宙微波背景辐射而获 1978 年诺贝尔物理学奖，他们认为，要探究宇宙的起源，最直观的方式是将其视作一个从"无"中诞生、经历瞬间的快速膨胀，并持续扩张的实体。

这种说法，在常人看来可能难以接受。然而，科学家们却深信不疑。他们说，只要想象一下太阳的工作原理，这一点就不难理解了。太阳离我们如此遥远，但太阳光却能照热、照亮大地；同样地，你也可以想象一下蜡烛，一支小小的蜡烛头，点燃后就能照亮整个房间。

从 1965 年起，很少再有天文学家怀疑大爆炸理论了。如今，这个理论已是现代天文学的核心思想，是现代天文学理论与观念统一的范例。

宇宙，既然有起源，那么它会不会消亡呢？如果宇宙真是由大爆炸而形成，那么它何时发生的呢？人们一直试图解答宇宙的年龄问题。

20 世纪末，大多数科学家认定，宇宙年龄为 80 亿—200 亿年。随着研究的深入，科学家们对宇宙的年龄有了更精确的认识。

宇宙会死吗？还会发展变化吗？科学家们对宇宙的未来估计，大约有三种可能：开放的宇宙、封闭的宇宙和临界的宇宙。

开放的宇宙。当初大爆炸时，物质从"奇点"往外飞散，有一个初始速度。如果这个初速度足以克服宇宙引力而有余，所有物质就会永远向外飞去，宇宙将永远膨胀下去，这叫开放的宇宙。

封闭的宇宙。如果初速度不足以克服宇宙引力，宇宙在膨胀后转而收缩，就像一个物体从地球上抛出去，又回到地球上一样。

临界的宇宙。初速度刚好克服宇宙引力，使宇宙继续膨胀，但又不至于膨胀太快。天文学家认为，现在的宇宙，接近临界的宇宙。

随着宇宙不断地膨胀，愈来愈多的恒星将耗尽它们的核燃料，最终燃烧殆尽，变成死寂的黑矮星。

哲学家们说，宇宙万物，从生命到物质，从微粒到星系，都有生有死，循环不息。

人们对宇宙未来感到困惑，因为决定宇宙未来命运的是宇宙扩张、万有引力以及宇宙中其他力量所产生的复杂的相互作用，但是人们最关心的或许是人类自身的命运。

人类已经越来越快地改变着地球，改变着自己的生存环境。人类对宇宙认识终结的那一天，也许就是人类或宇宙面临重大变革的那一天。让未来的地球人和地外一切生命拭目以待吧。

大型强子对撞机模拟宇宙大爆炸

大型强子对撞机（LHC）是粒子物理科学家为了探索新的粒子和微观量化粒子的"新物理"机制而设计的一种高能物理设备。它将质子加速至接近光速，并在环形隧道中使它们对撞，以模拟宇宙大爆炸后的极端条件，从而研究物质的基本组成和宇宙的起源。

大型强子对撞机位于瑞士日内瓦附近的欧洲核子研究中心（CERN），是世界上最大、能量最高的粒子加速器。它包含了一个总长约为 27 千米的环形隧道，深埋于地下约 100 米的位置。这个隧道是由先前的大型电子（LEP）加速器所使用的隧道改造而成，主要部分位于瑞士和法国的边境地区。

大型强子对撞机

大型强子对撞机的主要目标是寻找标准模型（SM）预言的希格斯

玻色子、超对称粒子、额外维等超出标准模型的新物理。此外，它还可以带来一些意想不到的科研成果，如改进癌症治疗、摧毁核废料的方法以及帮助科学家研究气候变化等。同时，它还可以模拟一些宇宙现象，如宇宙射线、微型黑洞、磁单极子等。

自 2008 年 9 月 10 日初次启动进行测试以来，大型强子对撞机已经进行了多次维护和升级。在 2015 年，它进行了 13TeV（万亿电子伏特）质子－质子碰撞实验，探索了未知领域，如寻找暗物质、分析希格斯机制、研究夸克－胶子等离子体等。科学家们已经在大型强子对撞机上发现了一些新的粒子，如"奇异的五夸克"，并正在继续寻找物理学的新突破。

大型强子对撞机是粒子物理学研究的重要工具，它的研究将有助于人们更深入地理解物质的基本组成和宇宙的起源。

宇宙的构成

宇宙的主要组成部分包括普通物质、暗物质和暗能量。普通物质是指可见的元素和分子构成的物质，包括原子、分子、星云、恒星、星系等。暗物质是一种不发光也不吸收光线的物质，它的存在主要是通过其引力效应推断出来的，占据了宇宙总质能的 26.8% 左右。暗能量则是一种推动宇宙加速膨胀的神秘力量，尽管其本质尚未完全明了，但它对宇宙结构的形成和演化起着决定性的作用。此外，宇宙还包括时间、空间这两个基本要素，它们与物质、能量共同构成宇宙的整体框架。

宇宙中常见的天体有哪些？

宇宙中常见的天体包括但不限于恒星、行星、卫星、流星、彗星、星系和星云，以及一些特殊类型的天体如脉冲星、中子星、黑洞等。

这些天体通过不同的方式相互作用，形成复杂多变的宇宙结构。

恒星——指宇宙中靠核聚变产生的能量而自身能发热发光的星体。过去天文学家以为恒星的位置是永恒不变的，故称之为"恒星"。然而，恒星也会按照一定的轨迹，围绕着其所属的星系的中心而旋转。离人类最近的恒星便是太阳，它是一颗发出红黄色亮光的恒星，已经有45.7亿岁了，预计再过50亿年，太阳将耗尽氢燃料，进入其生命的下一阶段。

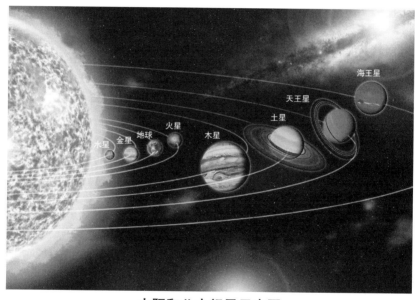

太阳和八大行星示意图

行星——围绕恒星公转的称为行星。地球便是围绕太阳公转的八大行星中的一员。就太阳八大行星而言，由于水星、金星、地球和火星与太阳距离较近，物理特性与地球相似，被称为"类地行星"，主要由岩石和金属等固体物质组成；而木星、土星、天王星和海王星距离太阳较远，主要由轻元素组成，被称为"类木行星"。行星围绕太阳运转时自身引力足以克服其刚体力而使天体呈圆球状，能够清除其轨道附近其他物体。

卫星——是围绕行星公转的星球。八大行星之中，除水星和金星外，其他行星都有自己的卫星，如月球是地球的卫星，它像一个保护伞，为地球挡下了不少外来袭击（如太空中的碎石、小行星等），使地球避免了许多潜在的灾难。

星云——是宇宙中的神秘天体，由尘埃和氢、氦等气体构成，形似天空中的云朵但规模巨大。星云形状多样，有的边界模糊，有的呈圆形或环形。它是恒星诞生的地方，物质在星云中聚集后形成恒星、行星等天体。星云还分为发射星云、反射星云和暗星云，其中发射星云受高温恒星激发而发光，呈现多彩颜色。星云物质密度低但体积庞大，其质量常常远超太阳。著名星云有上帝之眼、上帝之唇、玫瑰星云、鹰状星云等。

 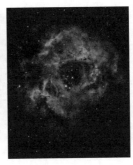 

上帝之眼　　　　　　玫瑰星云　　　　　　鹰状星云

中子星——是一种极端致密的天体，由质量大于太阳8—30倍的恒星演化到末期时，经过超新星爆炸后，其残留的核心坍缩形成。它的密度极高，比地球上任何已知物质的密度都要大得多。中子星的存在为天文学家研究极端物理条件下的物质状态和引力理论提供了重要对象。

中子星模型　　　　　　　　　　脉冲星模型

脉冲星——是中子星的一种特殊类型，它们高度磁化并且在旋转时以规则脉冲形状发射电磁辐射。这种独特的脉冲信号使得脉冲星能够作为强大的天然时钟，不仅用于测量宇宙中的距离和时间，还用于研究星际物质的分布和性质，以及探测引力波等。

黑洞——是另一种极端的天体，理论上是由爱因斯坦的广义相对论预言存在的。黑洞通常是由大质量恒星在耗尽其核燃料后，经过超新星爆炸或引力坍缩形成的。它们的质量可以从几倍到上百万倍太阳质量不等，甚至更大。黑洞通过其强大的引力吸引并吞噬周围的物质，包括气体、尘埃和恒星等，形成了一个无法逃逸的边界，即事件视界。黑洞对周围天体的运动和分布产生重要影响，是宇宙中引力最为极端的区域之一。

人类对宇宙的探索

人类对宇宙的探索是一个历史悠久且不断进步的过程。从哥白尼的日心说到现代的深空探测，人类对宇宙的认知和探索能力经历了巨大的飞跃。20 世纪中叶，空间探测器的问世使人类能够揭示更多宇宙奥秘，加深了对空间环境、地外天体演变、太阳系形成及生命起源等的认识。此外，1957 年成功发射第一颗人造地球卫星标志着人类真正进入太空疆域。

成功发射的第一颗人造地球卫星　　　人类在太空留下的第一个脚印

随着时间的推移，太空探索技术的发展推动了科学和技术的进步，展现了人类的智慧和勇气。例如，詹姆斯·韦伯太空望远镜在 2023 年的发现改变了人类对宇宙的理解，包括观测到关键碳分子，有助于揭示生命在宇宙中的繁衍方式。同时，中国航天的成就，如"天问一号"任务的成功完成，不仅在火星上留下了中国人的印迹，还标志着中国在行星探测领域跨入世界先进行列。

未来，太空探索将继续向更远的深空迈进。美国太空探索技术公司（SpaceX）的超重型"星舰"航天器的轨道试飞从 2023 年初进行，这将是迄今为止所建造的最大且推力最强的火箭。此外，原位资源利用被视为颠覆性技术，可以有效减轻发射质量，降低成本与风险，为载人深空探索提供支持。

然而，尽管技术进步显著，星际旅行仍面临巨大挑战。目前最快的火箭也需要 11.3 万年才能到达离地球最近的比邻星。因此，未来实现星际旅行的前提包括寻找足够的动力、开发新的航天器、突破航天理论知识等。

人类探索外层空间需跨越的"四重挑战"

外层空间，即地球稠密大气层之外的空间区域，通常被称为宇宙空间或太空。在1981年的国际宇航联合会第32届大会上，人类生活的环境被明确划分为四个部分：陆地、海洋、大气层和外层空间，分别对应人类的第一、第二、第三和第四环境。当人类进入这神秘的第四环境时，必须面对以下四大挑战：

1. 挣脱地球引力的束缚。随着高度的增加，地球引力逐渐减弱，当达到160千米的高度时，引力才减少1%；而在2700千米的高度，引力则减少了一半。物体要想成为地球卫星，其速度必须达到第一宇宙速度，即每秒7.9千米；若要达到像地球、金星、火星等星体那样的状态，成为太阳的一颗新行星，则需达到第二宇宙速度，即每秒11.2千米；而欲飞出太阳系，则需达到第三宇宙速度，即每秒16.7千米。

2. 应对极端的真空环境。地面的大气压力高达760毫米汞柱（1毫米汞柱 =133.322帕），每立方厘米体积内约有24亿个分子。然而，随着高度的增加，大气密度和压力呈指数级减少。在200千米的高空，大气密度和压力仅为海平面的10^{-9}量级。相比之下，地球上的最高真空度仅相当于1500千米高空的真空度。而行星际空间和恒星际空间的环境更为极端，分子或原子数量稀少。因此，一般的发动机无法支持飞机达到27千米以上的高度。

3. 适应极端变化的温度环境。地球上的温度变化相对有限，最热处不超过56.7℃，最冷处不低于 –89.2℃。然而，在外层空间，温度的极端变化令人吃惊。在靠近地球的地方，向阳面温度可达200℃，而背阳面温度则骤降至 –100℃以下。在远离恒星的空间，环境温度接近绝对零度；而在恒星附近，温度则可能高达几百至几千摄氏度。

4. 防御有害辐射的侵袭。近地空间是一个充满辐射的环境。太阳的电磁辐射，从 X 射线到红外线，都可能对人体和材料造成不良影响。此外，粒子辐射的来源还有地球辐射带、太阳宇宙线和银河宇宙线。为了保障空间活动的顺利进行，人类必须采取相应的防护措施。

人类探索宇宙的方法

宇宙探索是一项多学科、多技术领域交叉的复杂活动，涉及天文学、物理学、航天工程学、材料科学等多个学科。主要包括以下一些方法：

地面观测：利用地面望远镜（包括光学望远镜、射电望远镜等）对天体进行观测，如中国科学院国家天文台的郭守敬望远镜（LAMOST），为银河系结构的研究提供了重要数据；500 米口径球面射电望远镜，别名"中国天眼"，用于搜索脉冲星和其他射电天体。

郭守敬望远镜　　　　　　　　　"中国天眼"全景

空间望远镜：在太空中进行观测，如哈勃太空望远镜、詹姆斯·韦伯太空望远镜和盖亚卫星等，避免了地球大气的干扰，为深空观测提供了可能。

哈勃太空望远镜

詹姆斯·韦伯太空望远镜

探测器和着陆器：向其他天体发射探测器，如"天问一号"成功着陆火星，实现了对火星地表和地下结构的探测。

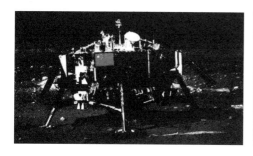
"嫦娥三号"月球探测器

"天问一号"火星探测器

载人航天器：通过载人航天器将宇航员送入太空，进行科学研究和空间站建设，如中国空间站的建设和使用，为长期太空探索提供了平台。

引力波探测：利用激光干涉等技术探测引力波，如激光干涉仪引力波天文台（LIGO）成功探测到黑洞和中子星合并产生的引力波，为广义相对论提供了直接证据。

宇宙射线探测：探测来自宇宙深处的高能粒子，如"拉索"观测站发现的高能光子，揭示了宇宙射线的奥秘。

光谱分析：通过分析天体发出的光谱，了解其组成和特性，进一步理解宇宙的物理和化学过程。

宇宙学模拟和计算：使用计算机模拟宇宙的演化，研究宇宙的大尺度结构，为人类提供宇宙起源和演化的重要线索。

天文台选址：选择最佳观测条件的地点建设天文台，确保观测数据的准确性和可靠性。

太阳探测：发射太阳探测卫星，如"羲和号"太阳探测科学技术试验卫星，对太阳活动进行观测和研究。

巡天项目：如"银河画卷"巡天计划，利用射电望远镜进行天文观测，收集分子气体分布数据，揭示银河系的结构和演化。

生命支持系统：对于长期太空探索任务，可靠的生命支持系统至关重要，包括空气、水和食物的供应，废物处理等。

导航和通信技术：确保太空船和探测器能够准确地导航并在太空中与地球保持通信，是太空探索中不可或缺的一环。

材料科学：开发耐高温、耐辐射的材料，用于航天器的建造和保护宇航员，确保太空探索任务的安全和成功。

这些方法的综合应用使人类能够更全面地了解宇宙，不断揭示宇宙的奥秘。

宇宙探索重大事件

载人航天史上的 10 座里程碑

1. 1961 年 4 月 12 日，苏联宇航员尤里·加加林乘坐"东方 –1 号"飞船绕地球轨道一周，飞行 108 分钟，成为太空飞行第一人。

2. 1963 年 6 月 16 日，苏联女宇航员瓦莲京娜·捷列什科娃，驾驶"东方 –6 号"飞船绕地球飞行 48 圈，成为第一个飞进太空的女性。

3．1965 年 3 月 18 日，苏联宇航员阿列克谢·列昂诺夫首次实现飞船舱外活动——太空行走。

4．1968 年 12 月 21 日，美国"阿波罗 8 号"，第一次距月面 112 千米，绕月球飞行 10 圈，历时 20 小时 6 分。三位宇航员是：弗兰克·博尔曼、吉姆·洛弗尔和威廉·安德斯。

5．1969 年 7 月 20 日，美国宇航员尼尔·阿姆斯特朗和巴兹·奥尔德林成为首次踏上月球的地球人。

6．1975 年 7 月 17 日，美国"阿波罗 18 号"飞船与苏联"联盟 19 号"飞船，在地球轨道实现对接。这是首次国际联合飞行。

7．1981 年 4 月 12 日，美国首艘可部分重复使用的航天飞机——"哥伦比亚号"进行第一次飞行。

8．1998 年 10 月 29 日，美国第一个进入地球轨道的宇航员约翰·格伦以 77 岁高龄乘坐"发现号"重返太空，成为目前航天史上最年长的宇航员。

9．2001 年 4 月 28 日，60 岁的美国人丹尼斯·蒂托乘坐"联盟 TM–32 号"，以首位太空游客造访建设中的国际空间站。

10．2003 年 10 月 15 日，中国通过"神舟五号"任务将航天员杨利伟送入太空，成为第三个独立进行载人航天的国家。

人造卫星碰撞警示

2009 年 2 月 11 日 0 时 55 分，历史性的一幕发生在西伯利亚上空约 790 千米的高度。美国于 1997 年发射的铱 33 卫星与俄罗斯 1993 年发射的报废卫星意外相撞，这场事故距离国际空间站仅 434 千米。

尽管航天专家普遍认为，在目前的太空环境中，卫星间相撞的概率极小，近乎几亿分之一，但此类碰撞会产生大量太空垃圾，这些碎片对国际空间站和其他在轨卫星构成了不容忽视的潜在威胁。

自 1957 年苏联成功发射首颗人造卫星以来，人类已向太空发送了数以万计的航天器。截至 2023 年 10 月底，全球已累计进行了超过 6500 次火箭发射，将 17000 多个航天器送入轨道。据《中国航天科技活动蓝皮书（2022 年）》统计，截至 2022 年年底，全球在轨航天器数量已达到 7218 颗。其中，美国拥有 4731 颗，约占据全球总数的 65.5%；中国紧随其后，拥有 704 颗，约占比 9.8%；俄罗斯、欧盟、日本、印度以及其他国家也各自拥有一定数量的在轨航天器。

系外卫星：寻找地外生命的又一希望

截至 2023 年 8 月 24 日，人类已经确认了超过 5500 颗系外行星的存在。然而，在探索宇宙的过程中，寻找太阳系以外的天然卫星——即系外卫星，成为天文学家们更为热衷的目标。

美国哥伦比亚大学的戴维·基平教授提出了一个引人瞩目的观点：系外卫星在决定其主行星的宜居性上可能扮演着至关重要的角色。这些遥远的卫星，通过抑制行星的摆动，帮助营造稳定的气候环境，正如月球对地球所做的那样。部分系外卫星甚至可能比它们的主行星更适合生命存在，这一发现为人类在宇宙中寻找适宜居住的星球提供了新的视角。

探索火星生命之谜

随着火星探测任务的不断深入，人们对这颗红色星球的认识也越发深刻。近期，"好奇号"火星车在盖尔陨石坑中的一项重大发现再次引发科学界的广泛关注：纵横交错的裂缝中可能隐藏着与水相关的矿物，这一发现不仅为人类未来在火星上的资源利用提供了新的可能，还增强了火星作为潜在宜居星球的新希望。

科学家通过分析"好奇号"火星车传回的数据，发现火星地下庞大的裂缝网络不仅含有丰富的水资源，还提供了出色的辐射屏蔽条件。这一发现使得火星地下相较于其地表，更有可能成为人类未来的宜居家园。

火星，这颗与地球同处太阳系宜居带的红色星球，一直吸引着科学家们的目光。其宜居性的演化和是否支持生命存在，始终是科学研究的焦点。

火星探测的一个重要目标就是寻找水源，而火星的早期历史确实与水息息相关。据中国科学院院士、地质与地球物理研究所研究员潘永信介绍，火星早期拥有大量的液态水，但随着气候的剧烈变化，这些水逐渐逃逸，火星逐渐演变为如今所见的干旱、寒冷、氧化的环境。

2022年9月26日，中国科研人员根据"祝融号"火星车次表层探测雷达的数据，在火星车着陆区数米厚的风化层下，发现了两组由粗变细的沉积地层。这一发现为理解火星早期水资源的丰富程度提供了重要线索，可能记录了约35亿年至32亿年间火星表面多次被水活动改造的历史。

"祝融号"火星车与着陆器合影

科学家们猜测，火星在早期因某种原因失去了部分大气层，导致水资源枯竭。他们一直在努力拼凑这段"消失"的古老历史。中国科学技术大学地球和空间科学学院执行院长汪毓明及其团队对火星表面的物质和大气循环方式进行了深入研究，并指出："水是生命最重要的要素。多个证据表明，过去火星的水深大约在 100 米至 1500 米之间。大部分水进入了地壳，一小部分则通过大气循环进入太空。"

随着技术的不断进步和科研工作的深入开展，人类将能够揭开火星的神秘面纱，为人类的未来探索和发展开辟新的道路。

月球探索的历程

月球，作为地球的唯一天然卫星，自古以来就以其独特的魅力吸引着人们的目光。从古代的仰望星空到现代的登月壮举，人类对月球的探索之路充满了无数挑战与惊喜。

在古代，由于科技水平的限制，人们只能依靠肉眼来观察月球。然而，这并没有阻止人们对月球的无限遐想。世界各地的文化中，都流传着关于月球的神话传说，如中国的嫦娥奔月、古希腊的月亮女神塞勒涅等。

随着天文观测技术的发展，人们开始使用望远镜等工具对月球进行初步观测。1609 年，意大利天文学家伽利略·伽利雷（1564—1642）首次用望远镜观测到月球表面的山脉、峡谷等特征，并绘制了详细的月面图。

进入 20 世纪后，人类开始利用无人月球探测器对月球进行深入研究。1959 年，苏联的"月球 2 号"探测器成功撞击月球表面，成为人类历史上首个与月球"亲密接触"的物体。随后，美国的"阿波罗"计划更是将无人月球探测推向了新的高度。

1969 年 7 月 20 日，美国的"阿波罗 11 号"飞船成功将宇航员尼尔·阿姆斯特朗和巴兹·奥尔德林送上月球表面。这是人类历史上首次载人登月，也是人类探索月球的里程碑事件。当阿姆斯特朗踏上月球表面时，他说出了那句永载史册的名言："这是个人的一小步，却是人类的一大步。"

进入21世纪后，随着科学技术的不断进步，人类对月球的探索也进入了一个新的阶段。各国纷纷制订了月球探测计划，如中国的"嫦娥"系列探测器、印度的"月船"系列探测器等。

中国的"嫦娥"系列探测器自2007年首次发射以来，已经取得了多项重要成果。其中，"嫦娥五号"探测器成功从月球正面取回了1731克月球样品。同时，中国的科研团队还从样品中发现了月球新矿物"嫦娥石"，证明了月球样品中存在来自岩浆结晶过程的"水"。

除了无人月球探测器外，载人登月任务也在紧锣密鼓地筹备中。目前，中国正在实施探月工程四期，其中包括"嫦娥六号""嫦娥七号"和"嫦娥八号"任务。这些任务将分别进行月球背面取样、月球南极探测等，将为人类进一步了解月球提供重要数据。

同时，月球探索也将促进各国在航天领域的合作与交流，共同推动人类航天事业的发展。

宇宙奇观——日全食

日全食是日食的一种，即在地球上的部分地点太阳光被月亮全部遮住的天文现象。日全食必须是太阳、月亮、地球在一条直线时才可能发生。同时，月亮还必须在新生相的位置。在日食时，月球在地球的阴影中移动，地球的阴影分为两部分，中心地区叫本影，外面区域叫半影。只有处在本影的位置，才能看到日全食；在半影区域只能看到日偏食。

对于古代的中国人来说，当日食发生时，他们相信是龙在吃太阳，因此必须击钹敲锣将龙赶跑，也有的地方称此现象为"天狗食日"。斯堪的纳维亚人则相信日食是两匹相互追逐的狼造成的。而在印度神话中，日食被描述为一个邪恶的魔鬼在咬食太阳。

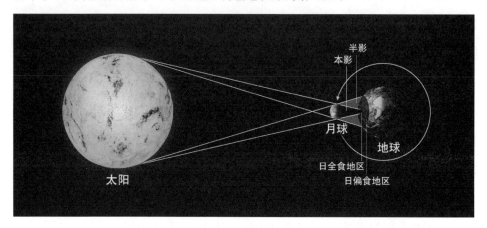

日食发生原理

日全食分为初亏、食既、食甚、生光、复圆五个阶段。

初亏：由于月亮自西向东绕地球运转，所以日食总是在太阳圆面的西边缘开始的。当月亮的东边缘刚接触到太阳圆面的瞬间（即月面的东边缘与日面的西边缘相外切的时刻），称为初亏。初亏也就是日食过程开始的时刻。

食既：从初亏开始，由于月球表面有许多崎岖不平的山峰，当阳光照射到月球边缘时，就形成贝利珠现象。这种现象由英国天文学家倍利最早描述。

食甚：食既以后，日轮继续东移，当月轮中心和日面中心相距最近时，就到食甚。食甚是太阳被月亮遮去最多的时刻。

生光：月亮继续往东移动，当月面的西边缘和日面的西边缘相内切的瞬间，称为生光，它是日全食结束的时刻。在生光将发生之前，钻石环、贝利珠的现象又会出现在太阳的西边缘，但也是很快就会消失。接着在太阳西边缘又射出一线刺眼的光芒，原来在日全食时可以看到的色球层、日珥、日冕等现象迅即隐没在阳光之中，星星也消失了，阳光重新普照大地。

复圆：生光之后，月面继续移离日面，太阳被遮蔽的部分逐渐减少，当月面的西边缘与日面的东边缘相切的刹那，称为复圆。这时太阳又呈现出圆盘形状，整个日全食过程就宣告结束了。

日全食发生的全过程

2008年8月1日，中国迎来了21世纪首次日全食。此次日全食始于加拿大北部，掠过格陵兰岛，穿过北极圈，经过俄罗斯新西伯利亚，从俄罗斯、蒙古国与中国交界的阿尔泰山进入中国境内，途经新疆、甘肃、内蒙古、宁夏、陕西、山西，最终在日落时分结束于河南。北京时间18时59分，日全食现象经过阿尔泰山进入中国境内。19时10分，日全食的可观测范围扩展至哈密市东边140千米处。19时21分，日全食在河南漯河市结束。

2009 年 7 月 22 日上午，长江流域中下游地区出现了壮观的日全食现象。这是自 1814 年以来，在中国境内日全食持续时间最长的一次。下次这样的日全食将发生在 300 年以后。

7 月 22 日上午 8 时左右，日全食从初亏到复圆的过程长达两个多小时。在中国境内，观测到日全食的时间最长可达 6 分钟。这次日全食带东西长度达 3000 千米，南北宽度最宽处为 251 千米，最窄处为 226 千米，自西向东经过西藏、四川、云南、重庆、贵州、湖北、湖南、江西、安徽、江苏、浙江和上海等地。

根据各地报道，日食发生时，云南香格里拉的鸟叫声突然停止，成都的狗狂吠不止，重庆市通信出现短时中断，杭州瞬间陷入黑暗（约 5 分钟）。

中国人的飞天梦

中华民族在人类历史长河中，曾经创造了光辉灿烂的古代文明。在古代中国，人们就设立了专门负责观测天文现象的天文官。这些天文官详尽地记录了太阳、月亮、行星、彗星的运动轨迹，以及对日食、月食、太阳黑子、日珥、流星雨等天文现象的观测数据。

值得一提的是，火箭作为中国古代的一种重要武器和发明，其雏形可追溯到汉末至南北朝时期，那时人们已经开始使用火药助推的箭矢。随着火药技术的不断进步，北宋年间，中国人民成功地制造出了世界上第一支真正意义上以火药为动力的飞行兵器——火箭。在元、明时期，中国的火箭技术得到了进一步的发展和完善，出现了形态更为接近现代火箭的兵器。

自中华人民共和国成立以来，中国秉持着自力更生的精神，坚定地走上了独立发展航天事业的道路，并于 1970 年 4 月 24 日成功发射了第一颗人造地球卫星"东方红一号"，开创了中国航天史的新纪元。自此之后，中国不断研发并生产了具备各种特殊功能的卫星，这些卫星涵盖了资源探测、气象监测、通讯传输、导航定位以及海洋观测等多个领域。截至 2023 年 4 月 25 日，中国在轨稳定运行的航天器数量已突破 600 颗。

中国发射的第一颗人造地球卫星——"东方红一号"

中国自主研制的"长征"系列运载火箭，拥有退役和现役共计 4 代 20 种型号。这些火箭具备发射低、中、高不同地球轨道上不同类型卫星及载人飞船的能力，并且还拥有无人深空探测能力。其中，低地球轨道（LEO）运载能力达到 25 吨，太阳同步轨道（SSO）运载能力达到 15 吨，地球同步转移轨道（GTO）运载能力达到 14 吨。迄今为止，"长征"系列运载火箭的发射次数已经突破 500 次。中国已建成酒泉、西昌、太原、文昌四个航天发射中心，并已建成完整的航天测试网络。

中国于 1992 年 9 月开始，实施载人飞船航天工程。1999 年 11 月 20 日，中国成功发射并回收了第一艘"神舟号"无人试验飞船。经过 21 小时 11 分的太空飞行，顺利返回地球。

2001 年 1 月 10 日，"神舟二号"无人飞船发射升空，按预定轨道在太空飞行 7 天，环绕地球 108 圈后返回。

2002 年 3 月 25 日，"神舟三号"无人飞船发射成功，4 月 1 日返回。

2002 年 12 月 30 日，"神舟四号"无人飞船发射成功。2003 年 1 月 5 日返回。此次成功发射，进一步提高了飞船的可靠性和安全性。

2003 年 10 月 15 日，"神舟五号"载人飞船发射成功。航天员杨利伟在轨飞行一天后于 16 日清晨返回。这是中国首次载人航天飞行，实现了中华民族千年飞天梦想，标志着中国成为世界上第三个用自行研制的宇宙飞船将航天员送入太空，并安全返回的国家。

"神舟五号"飞船

中国航天员杨利伟

2005 年 10 月 12 日 9 时，航天员费俊龙、聂海胜乘"神舟六号"载人飞船进入太空，10 月 17 日返回。飞船升空后经过 583 秒，船箭分离，飞船入轨。10 月 17 日 4 时 08 分飞船进入新疆喀什上空。4 时 33 分返回舱着陆。着陆时间距离发射时间 115 小时 32 分。

2008 年 9 月 25 日，"神舟七号"载人飞船成功发射。航天员翟志刚、刘伯明、景海鹏搭乘"神舟七号"载人飞船进入太空。翟志刚于 9 月 27 日成功实施首次空间出舱活动；9 月 28 日，航天员安全返回，实现了"准确入轨、正常运行，出舱活动圆满、安全健康返回"的任务目标，突破和掌握了空间出舱活动技术，是中国载人航天事业发展史上的又一重要里程碑。

2011 年 9 月 29 日，发射"天宫一号"目标飞行器。"天宫一号"由"长征二号 F"运载火箭发射入轨，主要任务是为实施空间交会对接试验提供目标飞行器；初步建立长期无人在轨运行、短期有人照料的载人空间试验平台，为空间站研制积累经验；进行空间科学实验、航天医学实验和空间技术试验。在轨期间与"神舟八号""神舟九号""神舟十号"飞船进行了六次交会对接，完成了各项既定任务，于 2018 年 4 月 2 日再入大气层。

2011 年 11 月 1 日，"神舟八号"无人飞船在酒泉卫星发射中心成功发射，并于 11 月 3 日与"天宫一号"成功实现首次交会对接。随后，在 11 月 14 日，它成功与"天宫一号"进行了第二次交会对接，最终在 11 月 17 日安全返回地面。这一任务不仅实现了"准确进入轨道、精确交会对接、稳定组合运行、安全撤离返回"的目标，还标志着中国空间交会对接技术取得了重大突破。

2012 年 6 月 16 日，"神舟九号"载人飞船成功发射。航天员景海鹏、刘旺、刘洋搭乘该飞船进入太空，于 6 月 18 日与"天宫一号"实现了自动交会对接。航天员随后进入"天宫一号"进行工作和生活。6 月 24 日，刘旺手动控制飞船与"天宫一号"成功对接。最终，在 6 月 29 日，航天员们安全返回地面，实现了"准确进入轨道，精准操控对接，稳定组合运行，安全健康返回"的任务目标。这次任务不仅掌握了航天员手控交会对接技术，还实现了技术上的重大突破。刘洋也因此成为中国首位女航天员。

2013年6月11日，"神舟十号"载人飞船成功发射。航天员聂海胜、张晓光、王亚平搭乘飞船进入太空，并在6月13日与"天宫一号"实现了自动交会对接。航天员随后进入"天宫一号"工作和生活。6月20日，三位航天员成功开展了中国首次太空授课任务，王亚平成为首位太空教师。6月23日，聂海胜手动控制飞船与"天宫一号"成功对接。最终，在6月26日，航天员们安全返回地面，圆满完成了"准确进入轨道、精准操控对接、稳定组合运行、健康在轨驻留、安全顺利返回"的任务目标。这次任务进一步考核了交会对接、载人天地往返运输系统的功能和性能，标志着中国载人天地往返运输系统首次应用性飞行的圆满成功。

2016年6月25日，"长征七号"运载火箭在海南文昌航天发射中心成功点火升空，实现了"成功首飞"的任务目标。这一发射不仅是载人航天工程空间实验室飞行任务的开局之战，也为后续的空间实验室任务顺利实施打下了坚实基础，同时为中国空间站的建造和运营奠定了重要基础。

接下来的几年里，中国载人航天工程继续取得了一系列重要进展，不断取得新的突破。

2016年9月15日，"天宫二号"空间实验室成功发射，成为中国第一个真正意义上的太空实验室。它接受了"神舟十一号"载人飞船和"天舟一号"货运飞船的访问，进行了多项关键技术的验证和试验。在轨期间，"天宫二号"开展了60余项空间科学实验和技术试验，取得了具有国际领先水平和重大应用效益的成果，为空间站的研制建设和运营管理积累了重要经验。

"天宫一号"　　　　　　　　　　"天宫二号"

2016年10月17日，"神舟十一号"载人飞船成功发射。航天员景海鹏、陈冬搭乘飞船进入太空，与"天宫二号"实现了自动交会对接。在轨期间，他们进行了为期一个月的中期驻留任务，并开展了一系列空间科学与应用任务。最终，在11月18日，航天员们安全返回地面，实现了"稳定运行、健康驻留、安全返回、成果丰硕"的任务目标。

2017年4月20日，"天舟一号"货运飞船成功发射，并与"天宫二号"实现了自动交会对接。这次任务不仅验证了空间站货物运输和推进剂在轨补加等关键技术，还巩固了航天器多方位空间交会技术。

2020年5月5日，"长征五号B"运载火箭在海南文昌航天发射中心成功发射，标志着中国空间站阶段飞行任务的首战告捷。这次发射拉开了中国载人航天工程"第三步"任务的序幕，为后续的空间站建设奠定了坚实基础。

"天和"核心舱发射瞬间

中国空间站在轨运行

2021 年 4 月 29 日，空间站"天和"核心舱发射任务取得圆满成功，标志着中国空间站在轨组装建造全面展开，为后续关键技术验证和空间站组装建造顺利实施奠定了坚实基础。

2021 年 5 月 29 日，"天舟二号"货运飞船在文昌航天发射中心发射成功，这是空间站关键技术验证阶段发射的首艘货运飞船，也是"天舟"货运飞船的首次应用性飞行。在轨运行期间，"天舟二号"先后与"天和"核心舱进行了四次交会对接，按计划完成了飞船绕飞、机械臂转位舱段验证、手控遥操作交会对接等多项拓展应用试验，为空间站在轨建造和运营管理积累了宝贵经验。

2021 年 6 月 17 日，"神舟十二号"载人飞船成功发射。航天员聂海胜、刘伯明、汤洪波搭乘"神舟十二号"飞船进入太空，在空间站进行了为期 3 个月的驻留，并于 9 月 17 日安全返回。在轨期间，他们进行了二次出舱活动，开展了一系列空间科学实验和技术试验，验证了航天员长期驻留、再生生保、空间物资补给、出舱活动、舱外操作、在轨维修等空间站建造和运营关键技术，并首次检验了东风着陆场的搜索回收能力。

2021 年 9 月 20 日，"天舟三号"货运飞船成功发射。"天舟三号"在文昌航天发射中心发射成功，在轨运行期间先后与"天和"核心舱组合体进行了二次交会对接，并进行了绕飞试验。与组合体分离后，还开展了空间技术试验，为空间站在轨建造和运营管理积累了重要经验。

2021 年 10 月 16 日，"神舟十三号"载人飞船成功发射。航天员翟志刚、王亚平、叶光富搭乘"神舟十三号"载人飞船进入太空，在空间站进行了为期 6 个月的驻留，并于 2022 年 4 月 16 日安全返回，创造了中国航天员连续在轨飞行时长的新纪录。在轨期间，他们先后进行了二次出舱活动、二次"天宫课堂"太空授课，并开展了手控遥操作交会对接、机械臂辅助舱段转位等多项科学技术试验，验证了航天员长期驻留保障、再生生保、空间物资补给、出舱活动、舱外操作、在轨维修等关键技术,标志着空间站关键技术验证阶段任务圆满完成。

2022 年 5 月 10 日，"天舟四号"货运飞船在文昌航天发射中心发射成功，这是空间站建设从关键技术验证阶段转入在轨建造阶段的首次发射任务。

2022 年 6 月 5 日，"神舟十四号"载人飞船成功发射。航天员陈冬、刘洋、蔡旭哲搭乘"神舟十四号" 载人飞船顺利进入太空，并在空间站完成了长达 6 个月的驻留任务，于 2022 年 12 月安全返回东风着陆场，圆满结束了这次太空之旅。在轨期间，三位航天员成功实施了两次出舱活动。他们与地面团队紧密配合，顺利完成了"问天"实验舱、"梦天"实验舱与"天和"核心舱的交会对接和转位工作。

2022 年 7 月 24 日，空间站"问天"实验舱成功发射。空间站"问天"实验舱的发射任务圆满落幕，这一重要里程碑标志着中国空间站建设又向前迈进了一步。"问天"实验舱作为空间站的第二个舱段，同时也是首个科学实验舱，其设计充分考虑了航天员的驻留需求，支持出舱活动，并提供了开展丰富空间科学实验的平台。此外，"问天"实验舱还具备对空间站进行管理的功能，可作为"天和"核心舱的备份，为空间站的稳定运行提供了重要保障。

2022 年 11 月 29 日，"神舟十五号"载人飞船成功发射。搭载"神舟十五号"载人飞船的"长征二号 F 遥十五"运载火箭在酒泉卫星发射中心点火升空。约 10 分钟后，"神舟十五号"载人飞船与火箭成功分离，顺利进入预定轨道。航天员乘组状态良好，标志着此次发射任务取得了圆满成功。至此，空间站关键技术验证和建造阶段的十二次发射任务已全部顺利完成。"神舟十五号"载人飞船入轨后，经过精确的轨道调整和对接操作，于北京时间 2022 年 11 月 30 日 5 时 42 分，成功对接于空间站"天和"核心舱的前向端口。整个对接过程历时约 6.5 小时，展现了中国载人航天工程的高精度和高可靠性。

2023 年 5 月 30 日，"神舟十六号"载人飞船成功发射。搭载"神舟十六号"载人飞船的"长征二号 F 遥十六"运载火箭在酒泉卫星发射中心点火升空。约 10 分钟后，飞船与火箭分离，精准入轨，航天员乘组状态良好，发射圆满成功。飞船入轨后，将自主与空间站对接，实现与"神舟十五号"航天员的在轨轮换，标志着中国空间站运营进入新阶段。

2023 年 10 月 26 日，"神舟十七号"载人飞船在酒泉卫星发射中心成功发射升空。此次任务由汤洪波、唐胜杰、江新林 3 名航天员组成乘组，其中汤洪波担任指令长。发射后，"神舟十七号"载人飞船顺利对接空间站"天和"核心舱的前向端口，与空间站其他部分形成了壮观的三舱三船组合体。在长达 6 个月的太空之旅中，"神舟十七号"乘组完成了二次重要的出舱活动。北京时间 2024 年 4 月 30 日 08 时 43 分，"神舟十七号"载人飞船与空间站组合体成功分离，随后在东风着陆场精准着陆。

2024 年 4 月 25 日，"神舟十八号"载人飞船成功发射。搭载"神舟十八号"载人飞船的"长征二号 F 遥十八"运载火箭在酒泉卫星发射中心成功点火升空。经过约 10 分钟的精准飞行，"神舟十八号"载人飞船与火箭顺利分离，并准确进入预定轨道。

随后，"神舟十八号"飞船按照既定程序与空间站组合体进行了自主快速交会对接。在此过程中，"神舟十八号"航天员乘组与"神舟十七号"航天员乘组成功进行了在轨轮换，共同为空间站的后续工作提供了有力保障。

未来，中国航天将继续保持高速发展的态势，深入推进载人航天、深空探测等领域的任务，并加强与其他国家的合作。同时，中国还将进一步加强航天科普教育，提高公众对航天的认识和兴趣，为培养更多航天人才、推动航天事业持续发展奠定坚实基础。

地球的形成

远在古代，人们对地球的诞生，有各种神秘的猜测，充满了好奇。在西方世界，人们认为大自然的一切，都由上帝创造。在中国，有"盘古开天辟地"的创世故事。

古人所设想的天地未开之前的混沌状况，与今天人们对宇宙的认识可谓异曲同工。现在，人类已经知道，地球是太阳系的一员。地球的起源与太阳的起源基本上是同一个问题。由于人类定居在地球上，对地球的了解比对其他星体的了解要详细得多。

200多年来，地球起源假说曾提出过40多种，不同的假说分歧很大。早期的假说，主要有两大派：灾变派和渐变派。灾变派以法国博物学家德·布封（1707—1788）为代表，他认为太阳是由2—3个恒星发生碰撞或近距离吸引而产生，也称"彗星碰撞说"。他认为彗星落到太阳上，打下一块碎片，碎片冷却后形成地球。渐变派以德国哲学家伊曼努尔·康德（1724—1804）和法国数学家、物理学家拉普拉斯（1749—1827）为代表，他们认为太阳系是由一团旋转的高温气体逐渐冷却凝固而成。拉普拉斯的理论也称为"星云假说"，他认为星云在冷却收缩的过程中，不断旋转，抛出物质环，最终形成了行星。

1944年，德国科学家卡尔·魏茨泽克（1912—2007）提出太阳系起源于低温的观点。他认为，旋转的星云渐渐收缩，形成行星。行星的形成并非源自极端高温气体的直接冷却凝固，而是由温度相对较低（尽管在宇宙尺度上仍属高温，但低于形成行星所需的极端条件）的固体尘埃物质逐渐积聚而成。初始地球是各种石质物的混合物。

中国天文学家戴文赛（1911—1979）等人，提出了一个关于太阳系和地球起源的新学说。他们认为，太阳系是由一原始星云团形成。在 47 亿年以前，宇宙中有一个比太阳大几千倍的大星云，当密度收缩到每立方厘米为 1/1000 亿克时，内部出现涡流，破碎为许多小星云，其中一块逐渐演变成了太阳系的前身，称为"原始星云"。原始星云在万有引力作用下继续收缩，旋转加快，形成许多"星子"。这些星子又不断碰撞、吞并，其中心部分收缩力强，密度加大，形成原始太阳，并在其周围形成行星胎，而后进一步演化，形成太阳系，包括太阳和八大行星。此学说于 1972 年在法国尼斯城举行的国际太阳系形成学术大会上发表，得到与会者一致肯定。

太阳与八大行星参数

名 称	到太阳平均距离 / 百万千米	公转一周所需时间	自转一周所需时间	自转轴与轨道平面夹角	赤道直径 / 千米
太 阳		绕银心公转一周 2.5 亿年	27 天		1392000
水 星	57.9	87.969 天	58.646 天	<28°	4880
金 星	108.2	224.7 天	243 天	177°	12100
地 球	149.589	365.26 天	23 小时 56 分 4 秒	23° 57′	12756
火 星	227.9	687 天	24 小时 37 分 23 秒	23° 59′	6790

名 称	到太阳平均距离/百万千米	公转一周所需时间	自转一周所需时间	自转轴与轨道平面夹角	赤道直径/千米
木 星	778.3	11.86 年	9 小时 50 分 30 秒	3° 05′	142800
土 星	1427.0	29.46 年	10 小时 14 分	26° 44′	120000
天王星	2869.6	84.01 年	23 小时	97° 55′	51800
海王星	4496.6	164.8 年	22 小时	28° 48′	49500

地球年龄的测定

1654 年，爱尔兰一位大主教从希伯来经典中，居然考证出地球是公元前 4004 年 10 月 26 日上午 9 时，由上帝创造。当时，欧洲许多人信以为真。

1862 年，英国物理学家威廉·汤姆森（1824—1907），用物理学观点，假定地球原来是炽热的液体，以后冷却凝固。他推导出从凝固到演化成地球的时间，约 2000 万—4000 万年。但这一观点并未得到广泛认同。

19 世纪末，人们逐渐认识到，地球形成以后，在其不断运动、变化和发展中留下许多痕迹，地球年龄信息是被记录在地球岩层中。

地质学家把地球演变历史分成太古代、元古代、古生代、中生代和新生代。最广泛接受的地球年龄估计值为 45.5 亿年。

太古代——从地球诞生到 25 亿年前。那时，地球一片汪洋，散布一些火山岛，陆地面积小，原始细菌开始繁衍。

元古代——距今 25 亿—6 亿年前。大片陆地出现，海洋中的藻类和无脊椎动物开始繁衍。

古生代——距今 6 亿—2.5 亿年前。地壳运动剧烈，亚欧、北美大陆形成雏形。三叶虫兴盛一时，随后鱼类繁殖起来，出现两栖动物，爬行类动物和有翅昆虫出现。

中生代——距今 2.5 亿—0.7 亿年前。地球大陆轮廓初步形成，太平洋地壳运动剧烈，大山系和矿藏开始形成。爬行动物以恐龙为盛。原始哺乳动物和鸟类也开始出现。

新生代—— 0.7 亿年前至今。喜马拉雅造山运动，使得地球上海陆面貌同现在相似。新生代包括第三纪和第四纪，第三纪哺乳动物开始大量繁殖，而第四纪则是人类起源和发展的关键时期。

地球年龄的测定，在早期，人们试图用一般物理化学过程来估算，如根据地球表面沉积岩积累厚度、海水含盐度随时间增加值、地球内部冷却率等，但这些变化过程是不恒定的，因此难以得出准确的估算。1896 年，法国人亨利·贝克勒尔（1852—1908）发现天然放射性元素铀；1905 年，又有人发现岩石具有放射性特征，根据岩石放射性元素的衰变速度，测出古老岩石的年龄一般不小于 37 亿年。

地球年龄最可靠的测算，是借助于陨石年龄的测定。太阳系的星系大体上是同一时间形成。陨石是小行星破裂的碎块。对各类陨石的测算表明，地球年龄为 45.5 亿—45.7 亿年，或简化为 46 亿年。但要获得精确的年龄值，还需进一步的研究。

地球的形状与大小

公元前 6 世纪，古希腊数学家、哲学家毕达哥拉斯（约前 580—约前 500）通过观察天文和地理现象，结合哲学思想，提出了地球可能是球形的观点，是世界上较早提出这一观点的人之一。中国在战国时期（前 476—前 221），哲学家惠施（约前 370—前 318）也提出地球为球形的看法。1522 年 9 月，斐迪南·麦哲伦（1480—1521）首次完成环球一周航行后，地球为球体的观点得到了广泛的认同。

地球形状主要是由地球引力和自转产生的离心力决定的。人类对地球形状的认识经历了漫长的时间。早期认为是天圆地方，以后逐步认识到地球是一个圆球。1687 年，艾萨克·牛顿（1643—1727）根据地球引力和离心力的计算，认为地球是一个扁球体，扁率为 1/200。法国科学院于 1736 年派出两支考察队，进入秘鲁和北极进行弧度测量，证实牛顿的理论基本正确，但修正扁率为 1/298，精度更高。

在此之前的 1708—1718 年，中国康熙皇帝任命法国传教士白晋（1656—1730）、雷孝思（1663—1738）和杜德美等率领中外人员，完成以北京为中央经线的《皇舆全览图》时，进行了弧度测量，发现纬度越高，经线的弧长越长。这同地球两极较扁，赤道隆起的理论相符。

世界上较早测量地球大小的国家有两个：古希腊和唐代中国。古希腊学者埃拉托色尼（约前 275—前 194）通过观测太阳照射两个城市水井的情况，结合几何定理，计算出了地球的大致周长。唐开元

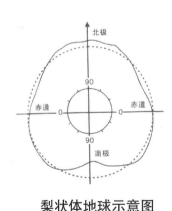

梨状体地球示意图

注：实线为大地水准面平均经线形状，虚线为地球椭球体表面上的经圈

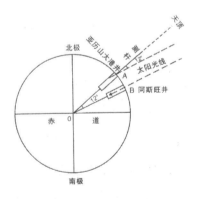

埃拉托色尼测量地球原理

十二年（724），天文学家张遂（683—727）通过测量纬度、北极高度和日影长度等数据，得出了地球子午线一度的长度，这一数据对于了解地球的形状和大小具有重要意义。

1849 年，英国物理学家乔治·斯托克斯（1819—1903）提出利用重力观测确定地球形状的理论。经过 100 多年的努力，特别是随着人造卫星技术的应用，地球形状的确定变得更加精确：它是一个旋转椭球，准确地说，更像一个"梨形"旋转体。1979 年，国际大地测量学和地球物理学联合会决定，从 1980 年起采用下列数据：

赤道半径：6378.137 千米　　　　极半径：6356.863 千米

地球椭球体扁率：1/298.3　　　　赤道周长：40075.696 千米

地球表面积：5.10×10^8 平方千米

陆地面积：1.49×10^8 平方千米　海洋面积：3.61×10^8 平方千米

地球体积 1.083×10^{12} 立方千米　地球质量：5.97×10^{24} 千克

地球的自转与公转

古代，人类对地球是否旋转，有两种对立的观点：地静说和地动说。中国的盖天说和浑天说虽未直接涉及地球自转的问题，但隐含了地静说的思想；而古希腊的地心说则明确主张地球是宇宙的中心且静止不动。然而，中国的庄子（约前 369—前 286）、李斯（？—前 208）等哲学家并未直接提出地动说。古希腊的阿利斯塔克（前 315—前 230）虽初步构想了地动说，但真正明确提出并建立了完整理论体系的是波兰的尼古拉·哥白尼（1473—1543）。

地静说认为，大地是宇宙的中心，是静止不动的，天上的日月星辰都绕地球转。而地动说则认为，太阳是宇宙的中心，地球围绕太阳转。随着人们对天体运动的深入探索，地动说者进一步认为，太阳也不是宇宙的中心，太阳系围绕银河的中心——银心运动；宇宙没有中心。

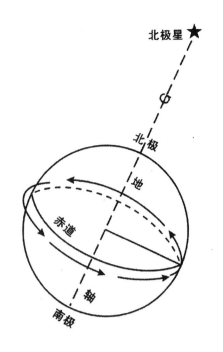

地球绕太阳旋转，主要有两种运动形式：地球自转和公转。地球自转是地球的重要运动形式，以南北地轴为轴，自西向东转动。地球自转平均角速度为 7.292×10^{-5} 弧度 / 秒，在赤道上自转线速度为 466 米 / 秒。从长期来看，地球自转速度是放慢的，导致一个世纪内平均日长大约增长 1—2 毫秒。经过测算，地球的自转速度在过去数亿年间有所

地球自转示意图

变化，例如，在 3.7 亿年前，一年约 400 天；3.2 亿年前，一年约 380 天；目前则是 365 天多点。这种变化大约每 100 年减慢 0.1%。自转速度减慢的原因主要是海底扩张、地幔岩流上升增加了海陆地壳的负担，以及海水潮汐变化、大气和岩石的摩擦消耗了地球自转的能量。

地球自转产生了昼夜更替，任何时候，地球表面都只能有一半面向太阳，另一半背对太阳。因此，地球上的任何地点都有昼夜交替。

同时，地球的自转也导致了全球各地有不同的地方时间。每隔 15° 经线，时差就有 1 小时。地球的全部经度 360°，可以划分为 24 个时区。通过英国伦敦格林尼治天文台原址的经线被定义为 0° 经线，即本初子午线，它所在时区为中时区。从本初子午线向东、西各跨 15° 经线，分别为东一区和西一区的中央经线，如此类推直至东西十二时区。其中，180° 经线为东十二区和西十二区的中央经线，也

称为"国际日期变更线"，其两侧的日期相差一天，线东比线西晚一天。

地球绕太阳的运动称为公转。公转一周的时间为365日5小时48分46秒，或365.2422日。公转轨道称为地球轨道，是一个不太扁也不太圆的椭圆形状。在一年中，地球与太阳的距离不是固定的，每年1月3日，地球最接近太阳，该地球位置称为近日点，此时距离太阳约1.47亿千米。而每年7月4日，地球离太阳最远，该地球位置称为远日点，距离太阳约1.52亿千米。公转轨道总长9.39亿千米，几乎是地球赤道周长的2.3万倍。地球一年要跑完这个轨道，每小时要运行10.7万千米，这比现代喷气飞机的速度（3331.5千米/时）快30多倍。

地球的公转和地轴的倾斜共同产生了四季的变化。地轴与公转轨道平面有一个倾角，大小为66°34′。地轴北端始终指向北极星，这使得太阳直射点始终在南北纬度23°26′之间作周期性变动，引起太阳高度角和昼夜长短出现季节性变化，从而形成四季。春、秋季是从冬季到夏季和从夏季到冬季的过渡季节；夏季是一年中白昼最长的季节；冬季则是一年中白昼最短的季节。

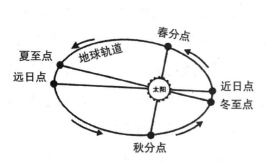

地球公转轨道示意图

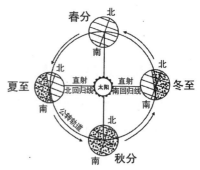

地球四季成因示意图

　　　　　　　　　　　　　　　　地球与人类

此外，地球的公转和地轴的倾斜角度也决定了地球表面的五带划分。地轴与公转轨道的夹角保持为 66° 34′，这使得地球表面受阳光直射的范围以及极昼、极夜的范围有一个特定的地区。地球上有无太阳光直射的纬度界线称为南北回归线，这是热带与温带的分界线。而有无极昼、极夜现象的纬度则称为南、北极圈，这是温带与寒带的分界线。南、北半球各有一条回归线和极圈，从而将地球表面划分为北寒带、北温带、南寒带、南温带和热带五个温度带。

地球同步轨道

运行周期与地球自转周期（约 23 小时 56 分 4 秒）相近的顺行人造地球卫星轨道，被称为"地球同步轨道"或"近地同步轨道"。

在地球同步轨道上运行的卫星，每天在相同时间经过相同地点的上空，它的星下点轨迹理论上是一条封闭的曲线。对地面观测者来说，每天在相同时刻，卫星会出现在相同的方向上。特别地，倾角为零的圆形地球同步轨道称为地球静止轨道，在这种轨道上运行的卫星，相对于地球表面的某一点是静止的，因此被称为"地球静止卫星"。

人们把周期等于地球自转周期几分之一的轨道，也称为地球同步轨道。在这种轨道上运行的卫星，对地面上的人来说，每天相同时刻出现的方向也大致相同。

中国 2000 年文化遗产——二十四节气

二十四节气是中国劳动人民独创的文化遗产，它能反映季节的变化，指导农业生产，影响人们的衣食住行。2000 多年前，中国主要政治、文化活动的中心集中在黄河流域，二十四节气也就是以黄河流域的气候、物候为依据而建立起来的。中国地域辽阔，地形复杂，二十四节气对其他地区只能是一种参考，需要结合当地的具体气候条件进行适当调整和应用。

二十四节气是根据太阳在黄道（地球绕太阳公转的轨道）上的位置来划分的。视太阳从"春分"点开始，每前进15°为一个节气，运行一周又回到"春分"点上，即为完成了一个回归年，这一周合共360°，对应着二十四个节气。

二十四节气起源于黄河流域。远在春秋时代，就有仲春、仲夏、仲秋和仲冬四个节气。到秦汉年间，二十四节气基本确立。公元前104年，由邓平等制定的《太初历》，正式被采纳为历法，明确了二十四节气的天文位置。节气的日期，在公历(阳历)中是相对固定的，如"立春"总是在公历2月3—5日，但在农历中，节气日期不固定，如"立春"，最早可能在上一年农历十二月十五日，最晚在正月十五日。现在的农历既不是纯阴历，也不是纯阳历，而是阴历与阳历相结合的一种历法系统。农历还有闰月，如按照正月初一至腊月三十（或二十九）算作一年，则农历每一年的天数相差较大（闰年十三个月）。为了规范年的天数，农历年（天干地支纪年）每年的起始点并不是正月初一，而是以"立春"为岁首，即农历的一年是从当年的立春开始，到次年的立春之前结束。

二十四节气歌

春雨惊春清谷天，夏满芒夏暑相连；秋处露秋寒霜降，冬雪雪冬小大寒；地球绕着太阳转，绕完一圈是一年；一年分成十二月，二十四节紧相连；按照公历来推算，每月两气不改变；上半年是六、廿一，下半年逢八、廿三。

二十四节有先后，下列口诀记心间：一月小寒接大寒，二月立

春雨水连；惊蛰春分在三月，清明谷雨四月天；五月立夏和小满，六月芒种夏至连；七月小暑和大暑，立秋处暑八月间；九月白露接秋分，寒露霜降十月全；立冬小雪十一月，大雪冬至迎新年。

二十四节气表（按公历月、日计）

春季	立春 2 月 3—5 日	雨水 2 月 18—20 日	惊蛰 3 月 5—7 日
	春分 3 月 20—22 日	清明 4 月 4—6 日	谷雨 4 月 19—21 日
夏季	立夏 5 月 5—7 日	小满 5 月 20—22 日	芒种 6 月 5—7 日
	夏至 6 月 21—22 日	小暑 7 月 6—8 日	大暑 7 月 22—24 日
秋季	立秋 8 月 7—9 日	处暑 8 月 22—24 日	白露 9 月 7—9 日
	秋分 9 月 22—24 日	寒露 10 月 8—9 日	霜降 10 月 23—24 日
冬季	立冬 11 月 7—8 日	小雪 11 月 22—23 日	大雪 12 月 6—8 日
	冬至 12 月 21—23 日	小寒 1 月 5—7 日	大寒 1 月 20—21 日

地球的结构和构造

地球的内部结构是一个同心状圈层构造，从地心至地表依次分为地核、地幔和地壳三个主要部分。这种分层结构是通过地震波在地下不同深度传播速度的变化来确定的。

地壳主要由固态岩石组成，其厚度在不同地方有很大差异。大陆地壳相对较厚，平均厚度约为 35 千米，而海洋地壳则较薄，平均厚度为 5—10 千米。地壳上的岩石经过长时间的风化、侵蚀、搬运、堆积，最终形成如今所看到的各种地形地貌。

地壳之下是地幔，约占据了地球总体积的 84%。地幔的温度和压力随深度增加而升高，这使得岩石在高温高压下呈现黏性流动状态。地幔中的岩石主要由硅酸盐矿物组成，它们通过热对流的方式不断循环，驱动了地球的板块运动。此外，地幔中还存在一个特殊的层次——软流层，它位于上地幔的顶部，由于温度较高，部分岩石已熔融，能够缓慢流动。软流层被认为可能是岩浆的发源地，与地壳板块的运动和地质活动密切相关。

地核主要由铁和镍等金属组成，密度极大，温度也非常高。地核可进一步分为外核和内核。外核是液态的，由于金属物质的流动，产生了地球的磁场。内核则是固态的，由于极高的温度和压力，其物质呈现非常特殊的物理状态。地核的热量通过地幔传导到地壳，对地球的地质活动和板块运动产生深远影响。

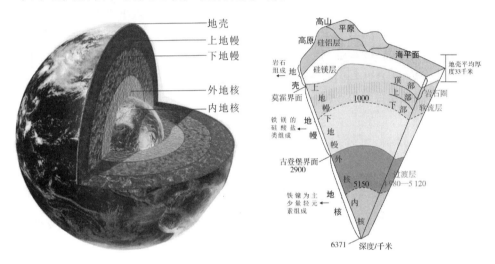

地球内部结构示意图

在地球的内部结构中，还有一些特殊的界面和层次。例如，莫霍面和古登堡面是两个非常重要的界面。莫霍面是地壳和地幔之间的分界线，而古登堡面则是地幔和地核之间的分界线。这些界面是地球内部物质性质和状态发生显著变化的地方，对于研究地球的内部结构和性质具有重要意义。

此外，地球内部的物质循环和能量转换也是一个复杂而有趣的过程。地幔中的岩浆通过板块俯冲、断裂等方式上升到地壳，形成火山喷发、岩浆侵入等地质现象。同时，地壳中的岩石也不断被侵蚀、

地球与人类

搬运、堆积，最终又沉入地幔，完成一个完整的循环。在这个过程中，地球内部的能量不断被释放和转换，维持着地球的稳定和运转。

大陆漂移说·海底扩张说·地球构造说

1538 年，基于人类长期积累的地理资料，并结合地理大发现，有人绘制出了比较完整的世界地图。从此，人们对地球陆、海分布状况有了较准确的概念。

1910 年，德国气象学家阿尔弗雷德·魏格纳（1880—1930）在一次生病住院期间，观察世界地图时，发现大西洋两岸轮廓非常吻合，非洲一边的海岸线与南美洲一边的海岸线凹凸相对，这引发了他对大陆原本相连的猜想。

1912 年 1 月，魏格纳首次提出大陆漂移的论点。他认为地球上的大陆曾经是一个整体（称为"泛大陆"或"盘古大陆"），后来由于某种力量而逐渐分裂并漂移到现在的位置。

1926 年 11 月，美国石油地质学家协会在纽约举行大陆漂移说讨论会。与会的 14 名地质学家分成两派，其中 5 人支持，2 人保留地支持，7 人反对。尽管当时这一理论没有被普遍接受，但引发了地质学界的广泛关注。大陆漂移说在解释生物分布及大西洋两岸地质吻合方面比其他学说更合理。虽然存在证据不完整、漂移机制不明确等问题，但不能随意否定大陆漂移说。

在魏格纳 1930 年 11 月探险途中遇难后，大陆固定论者大加反对，认为大陆漂移说是灵机一动的虚构。然而，随着 20 世纪 50 年代古生物学、地磁学研究的深入和全球海底地貌的考察，以及 20 世纪 60 年代美国地质学家哈里·赫斯（1906—1969）与迪茨提出的新论据，大陆漂移说逐渐获得了广泛认可，使大陆固定论者再也无力反对。

赫斯对大陆漂移说作了重要的补充修正。在"二战"期间，他服务于美国海军，并有机会对海底地貌进行深入地勘测。他震惊地发现，海底并非人们想象的那样平坦，而是崎岖曲折、坎坷不平的。海底世界存在着高耸的山岭、深陷的峡谷，悬崖陡壁绵延不断，展现出一个完全不同的地理地貌。更令人惊讶的是，赫斯发现某些海底三角洲的宽度甚至超过了中国的长江三角洲。基于这些发现，赫斯不仅断定海底是不平坦的，还为大陆漂移说提供了新的有力证据。

20世纪60年代，对地球表面大规模测量进一步加深了人类对海洋的认识。通过地震测量，科学家发现海底的岩石圈（即地壳）异常薄，只有约6.4千米厚，而陆地岩石圈的厚度则达40千米。此外，地震测量还揭示了海洋中存在着贯穿各大洋海底的山脉，这些山脉长达数万千米。这是当代地理学的一项重大发现。在洋中山脉的顶部，有一连串巨大的纵裂，被称为大洋中脊或中洋脊。正是这些断裂，使得地幔中炽热的熔岩得以溢出，并向两侧分流，凝固成新的海洋地壳，并推动原有海底向两侧扩张。随着地幔流体的运动，大陆与海底也随之发生漂移。这种理论被称为海底扩张说，它成功解决了魏格纳大陆漂移说中未解决的漂移机制问题。自此以后，大陆漂移说和海底扩张说成为世界地学界讨论的热门话题。海底扩张说的出现不仅令人惊叹，而且极具说服力。它将自大陆漂移说提出以来地学中的多个环节串联起来，最终形成了一个完整的学说，即板块构造学说，也被称为地球构造学说或地球板块学说。

大陆漂移说主要关注大陆的运动，海底扩张说则侧重于海洋的扩张，而地球构造说则同时考虑了大陆与海洋。地球构造说认为，整个地球表面是由几个坚硬的板块构成的。由于地球内部温度和密度的不均匀分布，地幔内的物质会产生对流，进而带动各大板块发生相对运动，或拉开，或碰撞，或挤压，导致地震的发生，并推动岩浆上升到地表形成火山。

1968 年，法国地质学家萨维尔·勒·皮雄进而提出全球六大板块说，即欧亚板块、非洲板块、美洲板块、印度洋板块、南极洲板块和太平洋板块。他认为，板块是地球岩石圈构造的基本自然单元，其厚度约 100 千米，可能由陆壳或洋壳组成。这些板块漂移在地幔的"软流层"上，以每年仅几厘米的速度缓慢移动。板块边界是地球最活跃的边界，板块运动强劲而复杂。正是在各个板块的分而又合、合而又分的漫长运动过程中，地球的地貌得以形成。

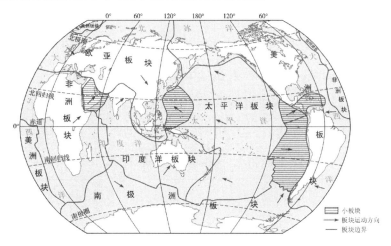

地球六大板块示意图

板块学说的形成，使大陆固定论和海洋永存的观念逐渐淡化，展现出一种新景象：大陆在漂移，海底在扩张，板块在运动。大陆有分有合，海洋有生有灭。天地万物，合也有时，分也有时。

1980 年 5 月 25 日至 31 日，180 多位中国科学家和来自 18 个国家 77 位国外科学家在北京参加青藏高原科学讨论会。中国科学家说，经过多年测量，青藏高原是印度洋板块向北漂移与欧亚板块碰撞的产物。目前，印度洋板块北移势头不减，青藏高原仍以每年 10 毫米的速率继续上升。地质学家预测，再过数千万年，地球板块运动可能会导致南美洲和北美洲的某些地区发生显著的地壳变动，而澳大利亚整体将北移到一个新位置。

地球四极

地球有最北极、最南极、最高极和最深极。地球四极，互相对称，互为平衡。

最北极

斯堪的纳维亚人在历史上对北极地区的探索有着重要贡献。其中，一些斯堪的纳维亚航海家在公元 870 年左右进行了一次重要的航行，他们扬帆出海，绕过斯堪的纳维亚半岛北端，进入巴伦支海，但具体航行路线并非直接指向北极点。历史证明，正是斯堪的纳维亚人在 9 世纪到达并接管了冰岛，这一成就对后来的北极探索产生了深远影响。

后来，丹麦人维图斯·白令（1681—1741）率队员在北极地区进行了探险，并发现了几个岛屿。他们航行经过阿拉斯加与西伯利亚之间的海道，该海道后来被称为"白令海峡"，以纪念白令的这次探险。

1909 年 4 月 6 日，美国探险家罗伯特·皮里（1856—1920）成为首位徒步或驾车到达北极点的人。他经过两次尝试，成功穿越格陵兰岛，最终到达北极点。他使用六分仪测定方位，确认自己位于北纬90°。皮里的这一壮举在北极探险史上具有重要意义。

北极地区与亚洲、欧洲、北美大陆相邻。以北极为中心的周围地区是一片辽阔的海域。1845 年，正式命名为北冰洋。北冰洋面积约 1450 万平方千米，是世界四大洋中面积最小的，其平均深度约 1200 米。

北冰洋周边的大陆地区主要由亚欧大陆北部、北美大陆北部及格陵兰岛组成。北冰洋中岛屿众多，总面积约 380 万平方千米。其中，格陵兰岛不仅是北冰洋最大的岛屿，也是世界上最大的岛屿（非海洋岛屿）。但它约 84% 的面积被冰雪覆盖，其冰层平均厚度达 2300 米，是一片白色寒冷的世界，每年 1 月的平均气温为 –40℃到 –20℃。

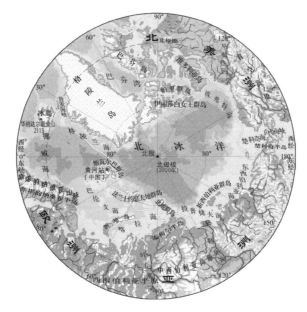

北极地区

随着全球变暖，格陵兰岛冰川流失速度加快。1996—2005 年，欧洲空间局经过 10 年的观测发现，前 5 年，格陵兰岛南部冰川出现显著流失；后 5 年，靠近北极圈的格陵兰岛西北部冰川也开始向海洋移动，流失速度进一步加快，流失范围也逐渐扩大，因此全球海平面上升速度也变得更快。

中国人对北极进行科学考察始于中华人民共和国成立初期。

1950 年 6 月下旬，时任加拿大联邦政府大地测量局主任工程师的高时浏进入北极圈，并成功到达磁北极点，成为首位到达磁北极点的中国科学家。当时，他与同事走到布西亚半岛附近时，惊奇地发现手中的罗盘磁针不再像以往那样左右移动，再看经纬仪，证实他们所处的位置为北纬 71°、西经 96°，正是地球磁北极的所在地。高时浏描述说，在磁北极附近，冬季整日笼罩在黑暗中，而夏季则终日阳光明媚。

1991 年 8 月 5 日，中国科学院大气物理研究所研究员高登义把一面鲜艳的五星红旗插在茫茫北极冰原上，他所处的位置是北纬 80°、东经 30°。高登义曾 12 次赴藏，并在海拔 5000 米、5700 米、6500 米的珠穆朗玛峰北坡上进行气象考察，曾两次远征南极大陆，在平均厚达 2500 米的冰盖上进行科学考察。他是中国"三极"考察第一人。

1996 年 8 月，中国科学院院士刘东生（1917—2008）远征北极到达斯瓦尔巴群岛。他在 74 岁时曾去过南极。这次北极之行，让他看到了南、北两极的差异。位于南纬 65° 12′ 的南极乔治王岛，虽然冰封大地，但山岩上仍生长着耐寒的苔藓；而地处北纬 78° 13′ 的斯瓦尔巴群岛，地面上却长着茵茵的小草。刘东生也是到过地球"三极"的人。

1986 年至 1993 年，香港女摄影师李乐诗曾先后三次进入北极地区。

1995 年 3 月至 5 月，中国 25 名科学家、记者等组成的考察团队首次对北极进行考察。该团队由民间集资方式组成。

1996 年，中国加入国际北极科学委员会。

1999 年 7 月 1 日至 9 月 9 日，中国首次组织北极科学考察队乘坐"雪龙号"极地科学考察船从上海出发，深入北冰洋的广袤海域，展开了一场前所未有的科学探索之旅。此次科考队由 124 名英勇无畏的考察队员组成，他们踏上了北极的首航征程。历时 71 天，航行 13210 海里，对北极的海洋、冰雪、大气以及环境等多个领域进行了全面而深入的多学科考察。

2003 年 7 月，中国组织第二次北极科考。"雪龙号"挺进北纬 80°，历时 74 天，开展综合考察。

2004 年 7 月 28 日，中国首个北极科学考察站——中国北极黄河站在挪威斯瓦尔巴群岛的新奥尔松建成并投入使用。

2005 年 5 月，中国派出 9 名科学家奔赴北极，主要从事高空大气物理、生态学、测绘遥感信息学、冰川与环境、气象学等方面的科学考察，并在北极地区建立了中国首个卫星跟踪站。该站为一栋两层楼房，面积约 500 平方米，可供 20—25 人同时工作和生活。

2008 年 7 月 11 日至 9 月 25 日，中国组织第三次北极科考。122 名科考队员，包括来自美国、荷兰、日本、韩国、法国的 12 名外国科学家。7 月 11 日从上海出发，经日本海进入白令海、白令海峡、楚科奇海、楚科奇海台、加拿大海盆等地区，历时 75 天，行程 1 万多海里，9 月 25 日返回。作为全球气候变化的"驱动器"之一，北极地区海冰、洋流和气团的变动，直接影响到全球的大气环流和气候变化。此次考察主要针对北极气候变化对中国的影响、北冰洋独特的生物资源和基因资源、北极地质和地球物理等开展研究。作为一个大国，中国在极地年期间安排北极考察，就是要体现对人类生存与发展负起大国的责任，为国际极地研究作出贡献。

2010 年 7 月 1 日至 9 月 20 日，中国第四次北极科学考察队成功执行了北冰洋区域的考察任务。这是继前三次考察后规模较大、时间较长的一次，共有 122 名队员参与，包括国内外科学家。考察船"雪龙号"航行超过 12000 海里，创造了新的中国航海纪录，并完成了

135 个海洋站位的综合调查，以及北极点等关键区域的观测。此次考察在多个方面均创下了中国北极科学考察的新纪录。

2012 年 7 月 2 日至 9 月 27 日，中国第五次北极科学考察队从青岛出发，乘坐"雪龙号"极地科学考察船，航行 18500 海里，其中在北极冰区航行 5370 海里，首次穿越北极航道往返大西洋和太平洋，最北到达北纬 87° 40′，开创了中国船舶从高纬度穿越北冰洋航行的先河。此次科考共有 119 名队员，包括来自美国、法国、冰岛的 4 名外国科学家。深入探索了中国传统考察海域，进行了多学科综合考察，并成功布放了极地长期自动气象观测系统。同时，科学家首次在北极高纬度海区发现新型有害物质，如溴代阻燃剂和全氟烷基化合物，这些发现对生物和人类健康具有潜在影响。

2014 年 7 月 11 日至 9 月 23 日，中国第六次北极科学考察队踏上了为期 75 天的北极探险之旅，乘坐"雪龙号"极地科学考察船深入北冰洋太平洋扇区，开展了广泛而深入的科学考察。在这次考察中，科考队成功完成了 90 个站位作业和冰站观测，涵盖了海洋气象、海冰、生物生态等多个学科领域。他们首次在北极海域布放了海气界面浮标，实时监测海气交换过程；首次进行了近海底磁力测量，揭示了北极海底的地质构造和磁场特征；并在加拿大海盆布放了深水冰基拖曳浮标，为长期监测北极冰区环境提供了重要手段。

2016 年 7 月 11 日至 9 月 26 日，中国第七次北极科学考察队搭乘"雪龙号"科学考察船，成功完成了一次全面深入的北极科学探险。此次考察不仅标志着中国在北极科研领域的持续深入，也为全球气候变化研究提供了宝贵的数据支持。考察队共进行了 53 个综合考察站位的科考任务，其中深水站位多达 38 个（海水深度 2000 米以上），以及 6 个短期冰站和 1 个长期冰站的观测。这些站位的设立和观测，使考察队能够全面掌握北冰洋海洋水文与气象、海洋化学、海洋生物与生态、海洋地质、海洋地球物理等多方面的数据。此外，考察队还完成了三条地球物理测线和一条人工地震测线，这些高精度的地球物理数据对揭示北极地区的地质构造和地球物理场分布具有重要意义。

2017年7月20日至10月10日。中国第八次北极科学考察队乘坐"雪龙号"极地考察船，历时83天，总航程逾20000海里，首次穿越了北极中央航道和西北航道，实现了中国首次环北冰洋科学考察。考察队共进行了多项重要任务，包括海洋基础环境、海冰、生物多样性、海洋脱氧酸化、人工核素和海洋塑料垃圾等要素的调查，极大地拓展了北极海洋环境业务化调查的区域范围和内容。这次考察不仅为北极业务化考察体系建设、北极环境评价和资源利用以及北极前沿科学研究作出了积极贡献，也为全球环保事业的发展作出了重要贡献。

2018年7月20日至9月26日，中国第九次北极科学考察队完成了第九个短期冰站作业，历时69天。其间，他们实施了88个海洋综合站位和10个冰站的考察，冰站数量、冰基浮标以及锚碇观测平台的布放量均创下了历次北极考察之最。尤为值得一提的是，考察队还首次成功布放了中国自主研发的"无人冰站"等无人值守观测装备。

2019年8月10日至9月27日，中国第十次北极考察队历时49天，航行10300余海里，最北到达北纬76°02′。考察队以物理海洋与海洋气象、海洋化学与大气化学、海洋生物生态、地质与地球物理等学科的海洋业务化监测为主，开展了综合海洋调查。其间，他们共完成了58站次海洋水体综合观测、29站次底质沉积物采样、21站次底栖生物拖网、18站次浮游生物垂直拖网、11站次生物水平拖网、10站次微塑料拖网、16次海雾探空观测。此外，还回收并重新布放了2套锚碇潜标，布放了1套冰–海浮标和3台水下滑翔机。此次考察共获取基础数据152G和各类样品逾6640份，圆满完成了主体工作任务。

"雪龙号"　　　　　　　　　　"雪龙2号"

2020年7月15日至9月28日，中国第十一次北极科学考察队乘坐"雪龙2号"极地科学考察船从上海出发，并于2020年9月28日回到上海，全程历时76天。本次极地大洋科学考察是由83人组成的考察队克服了长途作业与补给困难，围绕北冰洋楚科奇海台与加拿大海盆周边海域开展的水文综合调查与海冰观测。

2021年7月12日至9月28日，中国第十二次北极科学考察队乘坐"雪龙2号"极地科学考察船从上海起航，历时79天，航程14000海里。9月28日，考察队顺利返回位于上海的中国极地考察基地码头，标志着中国第十二次北极科学考察圆满完成。

2023年7月12日至9月27日，中国第十三次北极科学考察队乘坐"雪龙2号"极地科考破冰船从上海出发，历时两个多月，总航程达到了15000余海里。在航行过程中，"雪龙2号"以其强大的破冰能力，克服了北极海域的恶劣环境和复杂冰情，成功抵达了北极点区域。这是中国科考船首次抵达这一地区进行综合调查，标志着中国在极地科考领域取得了新的突破。

在北极点区域，考察队进行了全面而深入的科学考察。他们利用先进的科学仪器和设备，对北极地区的气候、海洋、地质、生物等多个领域进行了系统的探测和研究。通过对海冰厚度、海洋流动、海底地形等数据的收集和分析，考察队对北极地区的自然环境有了更深入的了解。同时，他们还进行了生物多样性调查，对北极地区的生态系统进行了全面的评估。

除了北极点区域的考察，考察队还在其他海域进行了多项科考作业。他们利用船载直升机、无人机等先进设备，对海冰分布、海洋环境等进行了全面的观测和记录。这些观测数据不仅为科学研究提供了重要的支持，也为应对全球气候变化等重大问题提供了重要的参考。

北极已成为科学家的天然实验室，是天文观测的理想地区，也是气候研究的重要基地。至今，在北极开展的科学研究已涉及地质学、地理学、大气物理学、冰川学、海洋学、气象学、生物学、天文学、人体医学等多个学科。

最南极

1819 年 7 月，俄国航海家别林斯高晋（1779—1852）等人乘坐"东方号""和平号"探险船，去寻找盛传一时的"南方大陆"。他们航行 5 个月，于当年 12 月到达位于南纬 54° 30′ 的南乔治岛。接着，他们继续向南行驶，于 1820 年 1 月，进入南极圈。他们发现了边缘陡峭、顶部平坦的冰山、不动的冰岛和在头上盘旋的飞鸟。所处位置是南纬 67° 22′、西经 2° 15′。当年 11 月，南半球的春天来了，他们再次出发。1821 年 1 月，在南纬 68° 19′、西经 75° 40′ 的地方，发现了一个长约 15 千米、宽约 6 千米的岛屿。他们把这个岛屿命名为"亚历山大岛"。

美国"哈罗号"捕鲸船船长巴梅尔说，南极大陆是他们在 1820 年 1 月 18 日首先发现的。当时，巴梅尔还到别林斯高晋的船上访问过，并告诉他发现了南极大陆。

挪威极地探险家罗阿尔德·阿蒙森（1872—1928）原计划去北极，因美国探险家罗伯特·皮里已在 1909 年捷足先登，当即改变计划，转向南极。1911 年 10 月 19 日，阿蒙森与 4 名同伴、4 部雪橇和 52 只极地犬离开营地，他们日行千里，于 12 月 14 日到达南极点。那个极点在暴风席卷的荒凉高原中央，海拔约 2800 米。阿蒙森成为到达南极点第一人。

世界上有许多国家对南极提出主权要求，如同瓜分地球上的陆地与海洋一样。1961 年《南极条约》规定，南极地区为科学研究区。1983 年 6 月，中国正式加入《南极条约》，成为缔约国。1984 年 12 月 26 日，中国国家测绘局测绘专家进行了南极建站定位测量。12 月 31 日，中国首次南极洲考察队在乔治王岛举行了中国南极长城站的奠基典礼。1985 年 2 月 20 日，中国第一个南极考察站——长城站宣布落成。1985 年 10 月 7 日中国取得协商国地位。长城站位于南纬 62° 12′ 59″，西经 58° 57′ 52″。与北京相距 17501.949 千米。

1989 年 2 月 26 日，中国南极科考队建立中山站。中山站位于东南极大陆伊丽莎白公主地拉斯曼丘陵的维斯托登半岛上，其地理坐标为南纬 69° 22′ 24″，东经 76° 22′ 40″。与北京相距 12553.160 千米。

在短短 20 多年时间内，中国南极科考已形成"一船"（"雪龙号"科考船）、"两站"（南极长城站、南极中山站）和"一中心"（中国极地研究中心）的业务支撑体系和科研平台。

截至 2008 年 1 月，中国南极科考队已组织 24 次考察。2005 年 1 月 18 日，中国第二十一次南极科考队，挺进南极内陆冰盖 1200 多千米后，确认南极内陆冰盖最高点为：南纬 80° 22′ 00″，东经 77° 21′ 11″，海拔 4093 米。被称之为"不可接近之极"的南极冰盖冰穹 A，终于有了人类的足迹。

2008年1月12日11时45分（北京时间14时45分），参加第二十四次南极科考的17名队员成功登上冰穹A。他们将《华夏苍穹》竖立在冰穹A上。《华夏苍穹》是厦门青年艺术家吴曦煌创作的黄铜雕塑，高1.6米，重180千克。雕塑上刻有大篆体文字，正面为"华夏苍穹南极巨人"，两侧分别为"和平科学利用南极""造福人类振兴中华"，背面用中英文刻了纪念碑文。

登上冰穹A的重大意义是：通过地球物理、冰川、地质、气象、天文和医学等多学科综合考察，在科学前沿领域取得一批原创性成果。世界各国都在南极寻找年代久远的深冰芯，而中国已在冰穹A发现了最厚为3132米的冰，为提取最古老的冰芯样品创造了条件。

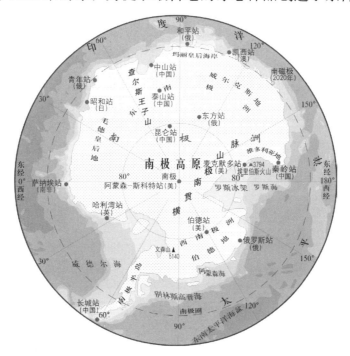

南极地区

2008年4月19日，中国科学院院士、天文学家叶叔华在上海宣布，中国在冰穹A上设立了天文观测点，安装了由4台自动天文观测望远镜组成的"中国之星"。叶院士说,利用"中国之星"已经观测到"变星"这一重要天文现象。她说,地球上观测天文最好的地方在南极,南极观测天文最好的地方就在冰穹A。因此,观测到"变星"具有重要科学意义。

何谓"变星"?主要是指由于内在的物理原因或外界的几何原因而发生亮度变化的恒星,包括物理变星、食变星、超新星等。观测"变星"是研究恒星演化、宇宙动力学、测量恒星大小质量等的重要前提。

南极,一个神秘的地方。企鹅是南极洲的"特别居民"。它们通常生得较为圆润,前胸洁白如雪,背部则呈黑色,走起路来摇摇晃晃。南极的夏季是"不夜天",从凌晨到夜里,太阳几乎持续挂在天上,只有短暂的时段稍显暗淡。在那里,人们可以直观地感受到地球是圆的,因为太阳似乎沿着地平线移动。

南极浮冰和企鹅

南极是一个"几乎无菌"的世界。尽管气候极其寒冷,但生活在那里的人们很少感冒。同时,那里是地球上灰尘最少的地区之一。南极的气温最低可达 −89.2℃。在这样的低温下,一切有机物几乎不会腐烂,金属也不易生锈。

在南极，由于地球的自转和地球的磁场，有时会观察到一些奇特的现象，比如一些生物或风可能会表现出某种方向性的移动。而在北极，同样因为地球的自转和磁场，可能观察到相反的现象。

随着全球气候变化的加剧，南极正面临着前所未有的威胁。南极的冰盖正在持续减少，这不仅导致全球海平面的上升，还加剧了温室效应，因为冰盖融化过程中释放出的甲烷和二氧化碳等温室气体进一步加快了气候变暖的速度。同时，南极的生态系统也在遭受严重破坏。海洋生物群落、鸟类和海洋哺乳动物等生物的栖息地和食物来源正受到威胁，许多物种的生存面临挑战。极端天气事件的频发，如罕见的增温事件和强烈的暴风雪，也给南极的生态平衡带来了巨大压力。这种生态系统失衡不仅影响南极的生物多样性，也对全球气候和生态系统产生了深远的影响。因此，人们必须认识到气候变化对南极的严重性，并采取切实有效的措施来减缓其影响，保护这个地球上最后的净土。

南极昆仑站

中国首个南极内陆科考站。昆仑站建在冰穹 A 地区，于 2009 年 1 月 27 日建成，2 月 2 日开站并投入使用。

昆仑站海拔 4087 米，位于内陆冰盖最高点（海拔 4093 米）西南方约 7.3 千米处。当地平均气温约为 -58℃，已测得最低气温为 -82℃。

冰穹 A、经线交会的南极点、全球温度最低的南极冰点、地球磁场南极的磁点并称为南极科考的"四大必争之点"。昆仑站的建立，继美国在南极极点建站、俄罗斯在南极冰点建站、法国在南极磁点建站后，成为人类南极科考史上又一个里程碑，标志着中国从极地科考大国向极地科考强国迈进的关键一步。

南极昆仑站 南极泰山站

南极泰山站

泰山站是中国在南极内陆地区建立的第四个科学考察站，其命名寓意着坚实、稳固、庄严以及国泰民安等美好愿景。

泰山站位于中山站与昆仑站之间的伊丽莎白公主地，海拔约2621米。它的建立标志着中国在南极考察站的数量、活动范围以及支撑保障能力方面均迈上了新的台阶。泰山站不仅成为中国昆仑站科学考察的前沿支撑，也是南极格罗夫山考察的重要支撑平台，进一步拓展中国南极考察的领域和范围。

泰山站是一座内陆夏季考察站，年平均温度 −36.6℃，可满足20人度夏考察生活的需求。泰山站总建筑面积1000平方米，设计使用寿命15年，配备有固定翼飞机冰雪跑道等设施。使得泰山站在科学观测、人员住宿、物资储藏、航空支持等方面具备了较强的能力。

泰山站在科学研究方面发挥着重要作用。中国自主研制的南极巡天望远镜就架设在这里，这是目前在南极运行的最大口径光学巡天望远镜。通过这个望远镜，科研工作者们可以观测到更远的宇宙深处，探索宇宙奥秘。

南极秦岭站

秦岭站位于南极三大湾系之一的罗斯海区域沿岸的恩克斯堡岛，面向太平洋扇区。是中国第五个南极科考站，第三个常年考察站，具有重要的科研价值。

秦岭站的建设始于 2018 年 2 月 7 日，经过数年的筹备和建设，于 2024 年 2 月 7 日正式开站并投入使用。秦岭站的建筑面积达到5244 平方米，主体设计为南十字星造型，设计理念源自中国航海家郑和下西洋用来导航的南十字星。

秦岭站所处的罗斯海区域是距离南极点最近的海域，是极地考察的理想之地。秦岭站的建立填补了中国在该区域科学考察的空白，为各国研究地球系统中的能量与物质交换、海洋生物和全球气候变化提供了重要支撑。

秦岭站的名字来源于中国横贯中部的古老山脉——秦岭。秦岭作为中国地理、历史、文化多元一体的重要特征、标志，被尊为华夏文明的龙脉。秦岭站所处区域同样也有一条作为南极洲东西地理分界线的横贯山脉，因此得名秦岭站。

南极秦岭站

最高极

传说在很久以前，青藏高原是一片汪洋大海。有一天，海里突然来了一条巨大的五头毒龙，把大海搅得波涛汹涌，飞禽走兽四处逃散。此时，大海的上空飘来 5 朵彩云，变成 5 位仙女，降服了毒龙。当仙女即将返回天庭之际，人们苦苦挽留。五位仙女施展法术，喝令大海退去，东边变成茂密的森林，西边是万顷良田，南边是花草茂盛的花园，北边是无边无际的牧场。五位仙女变成了喜马拉雅山脉的 5 座主峰。三姐翠颜便是珠穆朗玛峰，是今天世界最高峰。为什么叫三姐呢？在藏族文化中，三姐象征着尊贵与崇高，如同人类伸直手掌时中指的高耸。珠穆朗玛峰这个名字源远流长，有"女神""圣女""神女第三""地神之母"等多种称呼。

世界最高峰——珠穆朗玛峰

科学家们经过考察，揭开了青藏高原如何从海洋变成"世界屋脊"的谜题。

从 2.8 亿年前开始，青藏地区地壳运动逐渐强烈，陆地不断扩大，海洋面积逐渐缩小。距今约 4000 万年前，西藏南部及喜马拉雅山脉的狭长地带仍是海洋。大约从 3800 万年前开始，由于印度洋板块与欧亚板块激烈碰撞，特提斯海逐渐消失，海洋被陆地取代，青藏地区完整地露出海面。这一时期被称为"成陆期"。接着，印度板块不断北移，推压青藏大陆，使之进入"上升期"。陆地上升为高原这个过程开始是缓慢的。约 2000 多万年前，经历了一次强烈的地壳运动，山脉快速抬升。到了 700 万—800 万年前，已上升到 3000 米以上。距今约 1 万年前，上升速度加快，达到平均每年约 10 毫米的速度上升。现在，上升运动仍在继续。

中国人最早发现并测绘了珠穆朗玛峰

从元朝开始，珠穆朗玛峰地区的名称及其地理位置就有史料记载。当时，珠穆朗玛峰名称为"次仁玛"。1709—1711 年，康熙皇帝命令驻藏大臣测绘西藏地图。1715—1717 年，理藩院主事胜住等人，发现珠穆朗玛峰为中国最高峰，并将其命名为"朱母朗玛阿林"。1719 年，这一发现被收入《皇舆全览图》。后来，这一名称被标在《乾隆内府舆图》上。在藏语里，"朱母"是"女神"的意思，"朗玛"是她的名字，"阿林"是满文，意为山峰。简译就叫"神女峰"。1927 年版的《皇舆全览图》首次出现"珠穆朗玛峰"的汉语名字。

1852 年，英属印度测量局报告称，他们发现了一座从很远地方就能清晰看到的金字塔形巨峰，经过精确测量和计算，该峰的高度被确定为 8839—8882 米，从而确认了珠穆朗玛峰为地球上的最高峰。1905 年，经过更深入的测量和计算，珠穆朗玛峰的确切高度被正式确定为 8882 米。这一数据在后来的多次测量中得到了进一步的验证和确认。1949 年，中国出版的地图采用了这一数据，并使用"埃佛勒斯峰"或"额菲尔士峰"这一名称。

1951 年 1 月，地理学家王鞠侯（1902—1951）指出，英国人乔治·埃佛勒斯在 19 世纪中叶擅自测绘过珠穆朗玛峰并以自己名字命名，但实际上比他早 130 多年，中国就已发现了这座山峰。1951 年 3 月 4 日《人民日报》写道："耸立在我国西南边疆的喜马拉雅山主峰，过去曾被称为'埃佛勒斯峰'，这是错误的名称，它应该叫'珠穆朗玛峰'。"1952 年 5 月 27 日，《人民日报》发表中央人民政府内务部、出版总署于 5 月 8 日发出的通报："'埃佛勒斯峰'应正名为'珠穆朗玛峰'，'外喜马拉雅山'应正名为'冈底斯山'。"

珠穆朗玛峰是地球上已知的 14 座 8000 米以上高峰中的最高峰。科学地说，这 14 座 8000 米以上的高峰都是独立的高峰，且全部集中在亚洲；在亚洲以外，没有一座高峰超过 8000 米。

世界上有多个国家对珠穆朗玛峰进行过探险。

1921—1938 年，英国人 7 次登珠穆朗玛峰都未到达峰顶。

1953 年 5 月 29 日，新西兰人埃德蒙·希拉里（1919—2008）和夏尔巴人丹增·诺尔盖首次登顶成功。

1960 年 5 月 25 日，中国登山队贡布、王富洲、屈银华首次从北侧登上珠峰最高点。

1966—2005 年，中国国家测绘局先后 5 次组织了对珠穆朗玛峰的测量活动。其中，在 1975 年的第二次测量中，有 299 人参与。5 月 27 日，登山队组成了 9 人突击组，并于下午 2 时 30 分成功全部登顶。在峰顶，他们收集了岩石和冰雪标本，测量了浮雪厚度，并竖立一个起高 3 米的金属三角测量觇标，让早已守候在 6204 米高度上的测量人员，在距离峰顶 8.5—21.2 千米的 9 个测点上，同时将测量仪器对准觇标，经过精密计算，得出珠穆朗玛峰高度为 8848.13 米。

2005 年 3—6 月，中国组织了第五次珠穆朗玛峰高程测量。在珠穆朗玛峰地区 1 万平方千米范围内，采用传统大地测量方法和现代卫星大地测量技术，使用 GPS、全站仪、水准仪、重力仪、测距仪、雪深雷达探测仪、气象设备等，开展三角、水准、重力测量。5 月 22 日 11 时 08 分，登顶队员竖立了测量觇标，用雷达探测仪测量雪深。7 月 18 日，中国国家测绘局、总参测绘局联合召开珠穆朗玛峰高程测量验收会，与会各方面专家一致认为，2005 年珠穆朗玛峰高程测量，是迄今为止国内乃至国际上历次测量最为详尽、精确的数据。10 月 9 日，中国国务院新闻办公室举行新闻发布会，宣布了珠穆朗玛峰测量新数据：峰顶岩石面高程为 8844.43 米；岩石面高程测量精度为 ±0.21 米；峰顶冰雪深度为 3.5 米。从即日起，在行政管理、新闻传播、对外交流、公开出版的地图、教材及社会公共活动中使用。1975 年高程数据停止使用。

2015 年 4 月，尼泊尔发生 8.1 级大地震，对局部地区的地表形状和地貌产生了显著影响，珠穆朗玛峰高程的变化成为各国关注的科学问题。全球科学家和探险家们都期待着能够找到一个权威的答案。

2019 年，尼泊尔开展了本国首次珠穆朗玛峰高程测量。与此同时，随着技术的发展和国产仪器设备的成熟，中国新一次的珠穆朗玛峰高程测量也在酝酿之中。

2019 年 10 月 12 日至 13 日，习近平主席对尼泊尔进行国事访问期间，两国发布了《中华人民共和国和尼泊尔联合声明》，提出："考虑到珠穆朗玛峰是中尼两国友谊的永恒象征，双方愿推进气候变化、生态环境保护等方面合作。双方将共同宣布珠穆朗玛峰高程并开展科研合作。" 中国自然资源部会同外交部、国家体育总局和西藏自治区人民政府全面启动了 2020 年珠穆朗玛峰高程测量各项工作。自然资源部组织中国测绘科学研究院、陕西测绘地理信息局以及中国地质调查局等单位的精锐力量，编制了珠穆朗玛峰高程测量技术设计书和实施方案。中国科学院院士陈俊勇、杨元喜领衔的专家组对实施方案等进行评审后认为："综合运用 GNSS 卫星测量、精密水准测量、光电测距、雪深雷达测量、重力测量等多种传统和现代测绘手段精确测定珠穆朗玛峰高程的技术路线科学合理。"

2020 年春夏之交，神秘的珠穆朗玛峰迎来了人类的又一次探索。2020 年 5 月 27 日，2020 珠穆朗玛峰测量登山队历尽艰辛登上顶峰，历时 150 分钟完成顶峰测量任务，获取基础测量数据，为珠穆朗玛峰新高程的诞生奠定了坚实基础。2020 年 12 月 8 日，中华人民共和国主席习近平同尼泊尔总统班达里互致信函，共同宣布珠穆朗玛峰最新高程——8848.86 米。

2008 年北京奥运圣火首次登上世界之巅

2008 年 5 月 8 日早晨，珠穆朗玛峰地区为少云天气，风力约 14

2008 年北京奥运圣火珠穆朗玛峰传递路线

米/秒(7级)。凌晨1时30分至3时30分,火炬手从北坡突击营地(8300米)分批出发,向峰顶冲击。19名登山队员成功登顶。9时11分,在距峰顶30米处,罗布占堆用特制火种点燃火炬,随后点燃吉吉手中的火炬,吉吉成为第一棒火炬手。汉族登山家王勇峰接过第二棒,交给尼玛次仁,第四棒为中国农业大学学生黄春贵。9时17分,藏族姑娘次仁旺姆在珠峰之巅点燃第五棒,这一历史性时刻通过实况转播向全世界展示。

最深极

地球表面既有最高峰——地球之巅,那么,在海洋底部就会有最深的海沟。这个海沟名叫马里亚纳海沟。

马里亚纳海沟,位于北太平洋西部、马里亚纳群岛以东,处于太平洋板块与欧亚板块边缘地带。由于两个板块的碰撞,海洋板块俯冲到大陆板块下面,形成了这条巨大的海沟。据估计,它已形成约6000万年,是地球上海洋最深的地方。它是一条位于海洋底部的弧形洼地,南北延伸约2550千米,东西平均宽69千米。其具体位置是北纬11°20′,东经142°11.5′。

1957年,苏联调查船曾探测到马里亚纳海沟的深度超过10000米,最终测到的深度是11034米。1960年,美国海军使用"的里亚斯特号"深海艇,创造了潜入海沟10911米深度的纪录。2020年,中国自主研制的全海深载人潜水器"奋斗者号"在马里亚纳海沟成功下潜至10909米。

以上三个数据都超过1万米。若将珠穆朗玛峰投入马里亚纳海沟海沟,它将被波涛覆盖得无影无踪。

地球资源

地球资源是指自然界中人类可以直接获得用于生产和生活的物质，包括水资源、气候资源、土地资源、矿产资源、能源资源、生物资源和海洋资源等。这些资源对于人类的生存和发展至关重要，它们不仅支持人类的日常生活，也是人类社会发展的基础。

宝贵的淡水资源

地球上的水资源，一般指淡水资源。全球水体总储量约 13.86 亿立方千米，海洋水的储量约为 13.38 亿立方千米，约为总储水量的 96.5%，余下的水体储量包括淡水、冰川、永久积雪、地下淡水、河流等，总计约 0.35 亿立方千米，占总储量的 2.5%。其中淡水储量中与人类生活和生产关系最为密切的湖泊、河流和浅层地下淡水资源，占淡水总储量的 0.34%。

全球淡水不仅少，而且分布不平衡。主要分布在巴西、俄罗斯、加拿大、美国、中国、印度尼西亚、印度、哥伦比亚和刚果等国。目前，全球 80 多个国家约 14 亿人缺乏安全清洁的饮用水，即平均每 5 人中有 1 人缺水。预计到 2025 年，全球将有 23 亿人口缺水。缺水将是人类面临的最大环境问题之一。

中国在水资源丰富国家之列，但由于人口众多，实际可供使用的水资源相对紧张，人均水资源量仅为世界平均水平的 32%。中国面临的主要问题是水资源分布不均和人多水少的情况。特别是在北方地区，水资源极为稀缺，而南方则相对丰富。

有限的土地资源

土地是一个自然综合体。土地资源是指在一定技术条件和一定时间内，人类可以利用的土地。

地球总面积 5.10×10^8 平方千米，被冰川覆盖的南极大陆和高山土地面积 1.48×10^8 平方千米，无冰陆地面积 1.34×10^8 平方千米。考虑土质质量属性，陆地面积中的 20% 处于极地和高寒山区。20% 处于干旱地区，20% 处于山地陡坡，10% 为露岩，只有 30% 属于"适居地"。

全世界耕地面积仅占陆地总面积的 10.8%。在各种土地中所占比例最小，加上林地、草原，纯耕地更少了。

国土面积居前十的国家

（单位：万平方千米）

排名	国家名	国土面积	排名	国家名	国土面积
1	俄罗斯	1709.82	6	澳大利亚	769.2
2	加拿大	998	7	印度	298
3	中国	960	8	阿根廷	278.04
4	美国	937	9	哈萨克斯坦	272.49
5	巴西	851.04	10	阿尔及利亚	238.17

资料来源：中国外交部官方网站

中国国土面积为 960 万平方千米，占世界陆地的 6.5%，仅次于俄罗斯、加拿大，居世界第三位。从地理位置看，中国位于北纬 $4° 15'$ — $53° 30'$，地跨寒温带、温带、暖温带、亚热带、热带和赤道带，地处亚欧大陆东岸，东临太平洋，受东南季风影响，中国东部地区与同纬度国家相比，具有气候湿润、温热条件丰富等特点。中国又是多山的国家，山地、丘陵和高原约占土地面积 66.1%。在全国 2000 多个县中，约 56% 的县位于山地、丘陵区。全国约有 1/3 人口、40% 耕地及大部分森林分布在山区，可见耕地资源是如何可贵。

中国坚持最严格的耕地保护制度，强化耕地保护目标责任制，加大农田基本建设和土地整理复垦力度，坚守 18 亿亩耕地红线。

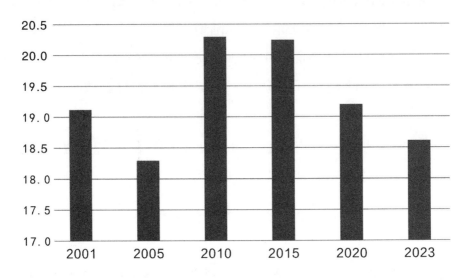

中国耕地面积变化表（2001—2023 年）（单位：亿亩）

种类繁多的矿产资源

矿产资源系指在一定技术条件下，能够提取具有一定工业价值的矿物的总称，是数量有限，不能再生的资源。

人类开发矿产资源有悠久的历史。中国在 4000 多年前就开始采铜并冶炼。春秋战国时开采铁。公元前 5 世纪《山海经》记载了 89 种矿物，309 处矿产地。北宋科学家沈括在《梦溪笔谈》中最早正式提出并命名了"石油"一词。

当今世界燃料矿产约占总产值的 70%，非金属矿产占 17%，金属原料占 13%。在地球上已发现矿物 1500 多种，可供工业使用的约

160 种。主要矿产资源是煤、石油、铁。20 世纪 90 年代初统计，全球已探明可开采的煤炭产量 1 万亿吨余，储量最多的前 3 个国家是俄罗斯、中国、美国。全球可开采石油储量 1370 亿吨，其中 2/3 在中东地区，中东地区有"世界油库"之称。沙特阿拉伯石油储量 354 亿吨，占世界石油储量 26%。全球天然气储量 138.4 万亿立方米，其中，55 亿立方米在前独联体国家，4 亿立方米在中东。世界铁矿储量 346 亿吨，前 7 位的国家是：俄罗斯、巴西、中国、澳大利亚、印度、加拿大、美国，这 7 个国家占 70%。

截至 2022 年年底，全国已发现 173 种矿产，其中，能源矿产 13 种，金属矿产 59 种，非金属矿产 95 种，水气矿产 6 种。

不论矿产资源数量、开采年限如何，每种矿产资源的储量是有限的。发展趋势是愈采愈少，这就要求人类在珍惜现有矿产资源的同时，要尽早设法寻找矿物代用品，并逐渐向海洋开发。

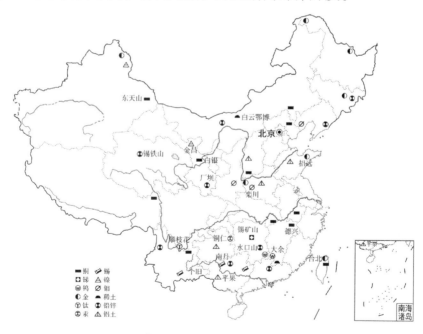

中国金属矿产资源分布

丰富的海洋资源

中国的海洋资源丰富多样，包括生物资源、矿产资源、能源资源等。人类已发现的海洋资源种类多，储量大，超过陆地同类资源。海洋中的生物资源有 20 多万种，其中鱼类 2.5 万种，可食用的 290 多种。海洋植物可利用的有海带、紫菜、石花菜等 50 多种。海底矿物资源有砂金、砂铂、金刚石、砂锡、砂铁矿、磷灰石、金红石、独居石、重晶石、石油、天然气、煤等。全球海洋盆地含油总面积 7800 万平方千米。200 米深以内的海底，潜在石油、天然气总储量约 2400 亿吨。

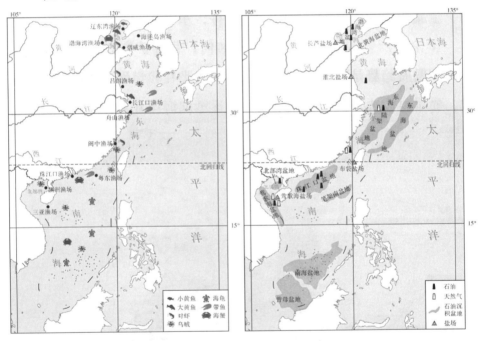

中国近海的主要渔场分布　　中国沿海盐场和近海石油沉寂盆地分布

中国大陆海岸线长 18000 多千米，黄海、东海、南海为边海，渤海是内海。海岛 7600 多个，岛屿海岸线长 14000 多千米。四大海区仅鱼类就有 2400 多种，经济鱼类 300 多种，近海渔场约 300 万平方千米。近海石油探明储量 27.26 亿吨，天然气储量 6994 亿立方米。

多样的生物资源

地球上的生物资源极其丰富，包括动物资源、植物资源和微生物资源三大类。这些资源不仅对人类具有巨大的经济价值，还在维持自然生态系统的稳定中发挥着至关重要的作用。

首先，动物资源包括陆栖野生动物资源、内陆渔业资源、海洋动物资源等。在陆地上，我们可以看到各种野生动物，如森林中的猴子、鸟类、爬行动物等。内陆水域则提供了丰富的渔业资源，包括各种淡水鱼类。而在广阔的海洋中，生活着数以万计的生物种类，包括鱼类、鲸类、海豚、海龟等。这些动物资源为人类提供了食物、药品、衣物等多种生活必需品。

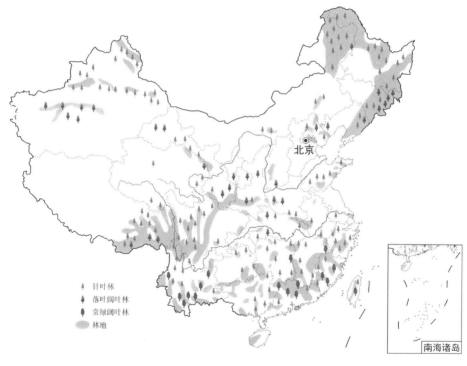

中国森林分布

其次，植物资源包括森林资源、草地资源、野生植物资源和海洋植物资源等。森林是地球上最重要的生态系统之一，其中的树木为我们提供了木材、纸张等原材料，同时也维持着碳循环和气候稳定。草地则是畜牧业的重要基础，为我们提供了牛奶、肉类等食品。此外，各种野生植物和海洋植物也为人类提供了药材、食物等资源。

　　最后，微生物资源虽然不像动植物那样直观可见，但它们对地球生态系统和人类生活的影响同样巨大。微生物包括细菌、真菌等，它们在土壤肥力的维持、环境污染的治理、生物技术的开发等方面发挥着重要作用。例如，一些微生物能够分解有机物质，促进土壤养分的循环；还有一些微生物能够产生抗生素等有益物质，为医药领域的发展作出贡献。

　　然而，地球上的生物资源并非取之不尽、用之不竭。过度开采、环境污染和气候变化等因素都在威胁着这些资源的可持续利用。因此，我们需要加强对生物资源的保护和管理，通过科学合理的种植和养殖、保护野生动植物等措施，促进生物资源的可持续利用和发展。

第三篇

世界地理

世界七大洲

世界第一大洲——亚洲

亚洲全称亚细亚洲，意为"太阳升起的地方"。

亚洲位于东半球和北半球，东临太平洋，南接印度洋，北濒北冰洋。亚洲的大陆范围东至杰日尼奥夫角（西经169°40′，北纬66°05′），南至皮艾角（东经103°30′，北纬1°16′），西至巴巴角（东经26°03′，北纬39°27′），北至切柳斯金角（东经104°18′，北纬77°43′）。东西时差10个小时。亚洲大陆及岛屿总面积4400万平方千米，约占世界陆地面积的29.4%，是世界第一大洲。亚洲大陆与欧洲相连，合称"亚欧大陆"。

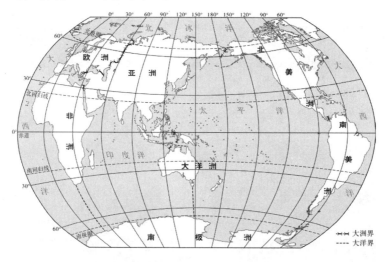

世界七大洲四大洋分布图

亚洲地形地貌包罗万象。中间高，四周低，拥有世界上最高的高原（青藏高原）和最高的山脉（喜马拉雅山脉），还有世界上最平坦的平原（西西伯利亚平原）及最低的洼地（死海）。

亚洲气候类型复杂，地跨寒、温、热三带，除温带海洋性气候外，其他主要气候类型都有分布。亚洲各地气温差别显著。赤道附近的马来群岛，长年如夏，年平均气温在 26℃ 左右。西伯利亚东部，一年中有 7 个月的平均气温在 0℃ 以下，而东北部的小镇奥伊米亚康，曾观测到 −71℃ 的低温纪录，是北半球的"寒极"。

亚洲是世界上河流最多的一个洲，长度超 1000 千米以上河流有 60 条。其中，超 4000 千米的大河有 7 条，分别是：长江（6397 千米）、黄河（5464 千米）、澜沧江（含下游湄公河，4500 千米）、黑龙江（4370 千米）、勒拿河（4320 千米）、叶尼塞河（4130 千米）、鄂毕河（4070 千米）。亚洲"怪"湖最多，有全球最大的湖——里海，面积 37.1 万平方千米，湖面低于海平面 28 米；有世界最低、盐度最大的湖——死海，海拔 −415 米；有世界最深、蓄水最多的湖——贝加尔湖，深 1620 米，面积 3.15 万平方千米，蓄水量 2.3 万立方米。

亚洲是世界文化的摇篮和宗教发源地。世界的四大文明古国——古巴比伦〔两河（幼发拉底河、底格里斯河）流域，今伊拉克〕、古印度（印度河流域，今巴基斯坦）、古中国（黄河流域）、古埃及（尼罗河流域下游及其三角洲，与今埃及疆域有别），前三个都在亚洲。世界三大宗教——基督教、伊斯兰教和佛教都发源于这片古老的土地。佛教起源于公元前 6 世纪，由释迦牟尼创立；伊斯兰教起源于阿拉伯半岛，由穆罕默德创立；基督教起源于西亚巴勒斯坦的伯利恒，是信奉耶稣、基督为救世主的各教派的统称。耶路撒冷是基督教、犹太教、伊斯兰教的圣地，又称"圣城"。

亚洲共有 48 个国家和地区，分为东亚地区、东南亚地区、南亚地区、西亚地区、北亚地区和中亚地区。

亚洲人口约 46.41 亿，约占世界总人口的 59.54%。其中，1 亿人口以上的国家有印度（14.2亿）、中国（14.1亿）、印度尼西亚（2.76亿）、巴基斯坦（2.4亿）、孟加拉国（1.7亿）、日本（1.2亿）、菲律宾（1.1亿）、越南（1.03亿）。

半岛式大洲——欧洲

欧洲全称欧罗巴洲。相传源于希腊神话中腓尼基公主欧罗巴的名字。位于亚欧大陆西部。公元4世纪初，人们以乌拉尔山为界，东为亚细亚洲，西为欧罗巴洲。欧洲面积为1016万平方千米，占世界陆地总面积的6.8%，是世界第六大洲。

欧洲共46个国家。在地理上习惯分为南欧、西欧、中欧、北欧和东欧五个地区。欧洲人口约7.48亿，约占世界总人口的9.59%，是人口密度第二大的洲。

欧洲大陆北、西、南三面环海，被称为半岛式大陆。欧洲海岸线3.79万千米，是世界上海岸线最曲折的洲。

欧洲地形以平原为主，冰川地段分布较广。海拔200米以上的丘陵、山地约占全洲面积的40%。阿尔卑斯山脉横亘南部，是欧洲最大的山脉，长约1200千米，宽130—260千米，平均海拔3000米左右。东南部高加索山脉主峰厄尔布鲁士峰海拔5642米，为欧洲最高峰。

欧洲是世界上温带海洋性气候分布最广的洲。大陆南北跨纬度35°，包括附属岛屿有47°，除北部沿海及北冰洋中的岛屿属寒带、南欧沿海地区属亚热带外，其余都地处温带。河网密布，多为短小但水量丰沛

的河流。2000千米以上河流有伏尔加河（3690千米）、多瑙河（2850千米）、乌拉尔河（2428千米）、第聂伯河（2201千米）。湖泊众多，主要有里海（37.1万平方千米，最深1025米，欧亚界湖）、拉多加湖（1.84万平方千米，最深230米）、奥涅加湖（9610平方千米，深127米）。位于欧、亚、非三大洲之间的地中海，是世界重要的陆间海之一，东西长约4000千米，南北宽约1800千米，面积251万平方千米，平均深度1500米，最深处5121米。直布罗陀海峡是大西洋至地中海的唯一海上通道。

热带大陆——非洲

非洲全称阿非利加洲，拉丁语意为"阳光灼热"。位于东半球西南部，地跨赤道南北，东濒印度洋，西临大西洋，北隔地中海和直布罗陀海峡与欧洲相望，东北隅以狭长的红海与苏伊士运河紧邻亚洲。全洲面积约3020万平方千米，约占世界陆地总面积的20.2%，为世界第二大洲。共有57个国家和地区，在地理上习惯上分为北非、东非、南非、中非和西非五个地区，人口约13.41亿，占世界总人口的17.2%。黑种人占全洲的2/3。大多数居民信奉原始宗教和伊斯兰教。

非洲是世界各洲中岛屿最少的洲。非洲大陆北宽南窄，呈不等边三角形。非洲是高原大陆，海拔500—1000米的高原占全洲面积60%以上。东部乞力马扎罗山是座活火山，海拔5895米，为非洲最高峰。大陆北部撒哈拉沙漠为世界最大的沙漠，面积约960万平方千米。在东部有一条纵贯南北的裂谷——东非大裂谷，总

长 6400 多千米，为世界最长裂谷，被称为"地球上最大的伤疤"。

非洲 3/4 的面积在南、北回归线之间，绝大部分地区年平均气温在 20℃ 以上，气候普遍炎热，因而被称为"热带大陆"。

非洲河流多峡谷、急流和瀑布，不利于航运。尼罗河全长 6671 千米，是世界上最长的河流。刚果河全长 4640 千米，是非洲第二长河，流域面积 376 万平方千米，仅次于亚马孙河，居世界第二。维多利亚湖面积 69400 平方千米，是非洲最大湖泊和世界第二大淡水湖。维多利亚瀑布落差 108 米，为世界著名瀑布之一。北非苏伊士运河全长 169 千米，河面宽 190—365 米，欧、亚两大洲海上货运量的 1/8 和世界海上石油运量的 1/4 要通过这里，是世界上最繁忙的水道。埃及文明的象征——金字塔，是帝王陵寝。现存 80 余座。胡夫金字塔最大，塔高原为 146.6 米，现为 137 米。建造年代至今仍是不解之谜。金字塔附近的狮身人面像，身长 48.8 米，高 21.3 米。

世界第三大洲——北美洲

北美洲全称北亚美利加洲，位于西半球北部。东濒大西洋，西临太平洋，北濒北冰洋，南以巴拿马运河为界与南美洲分隔。全洲面积 2422.8 万平方千米，约占世界陆地总面积 16.2%，是世界第三大洲。共 23 个独立国家和十几个地区，人口约 5.92 亿，占世界总人口的 7.6%。主要民族为欧洲移民后裔。

北美洲分为九个地区：东部、中部、西部、阿拉斯加、加拿大北极群岛、格陵兰岛、墨西哥、中美洲和加勒比海岛屿。大陆海岸线长约 6 万千米。半岛总面积 210 万平方千米。岛屿 410 万平方千米，居各洲之首。格陵兰岛面积 216.6 万平方千米，为世界最大的岛。全洲平均海拔 700 米。阿拉斯加的迪纳利山（原名麦金利山）海拔

6190 米，为北美洲最高峰。有活火山 90 多座。西部地区是世界上地震频繁地带。1899 年阿拉斯加大地震，使太平洋沿岸海底升高 10—14.10 米。

北美洲大陆南北跨纬度 60 多度。地跨热带、温带、寒带。北部在北极圈内，为冰雪世界。河流除圣劳伦斯河外，其余大河都发源于落基山脉。密西西比河长 6262 千米，流域面积 322 万平方千米，按长度是世界第四大河。北美洲落差最大的瀑布是美国西部的约塞米蒂瀑布，落差 700 米。全洲淡水湖总面积约 40 万平方千米，居各洲之首。中部的苏必利尔湖，面积达 8.24 万平方千米，是世界最大的淡水湖，与密歇根湖、休伦湖、伊利湖和安大略湖合称"五大湖"，有美洲大陆"地中海"之称。阿拉斯加州位于北美洲西北角，面积 171.79 万平方千米，是美国最大的州，又称"最后的边疆"。

直角三角洲——南美洲

南美洲全称南亚美利加洲。位于西半球南部和南半球东部。东濒大西洋，西临太平洋，北濒加勒比海并通过巴拿马运河与北美洲相连，南隔德雷克海峡与南极洲相望。全洲面积约 1785 万平方千米，约占世界陆地总面积的 12%。共 14 个国家和地区。人口约 4.31 亿，约占世界总人口的 5.53%。智利南北长 4352 千米，东西最宽处为 362.3 千米，最窄处仅为 96.8 千米，是世界上最狭长的国家。

南美洲的地形主要分为东、西两个纵带，西部是狭长的安第斯山脉，东部则是平原和高原相间分布。其中安第斯山脉全长约 9000 千米，是世界上最长的山脉，海拔多在 3000 米以上。亚马孙平原是世界上面积最大的冲积平原，而巴西高原则是世界上最大的高原。大陆海岸线约 28700 千米。海拔 300 米以下平原约占全洲 60%。玻利维亚境内汉科乌马山海拔 7010 米，是南美洲最高峰。

南美洲的气候多样，大部分地区属热带雨林和热带草原气候。温暖湿润，以热带为主。西部有呈带状分布的热带沙漠气候和地中海气候，而安第斯山脉则具有高山气候特征。南美洲的降水充沛，年均降水量 1000 毫米以上地区约占全洲 70% 以上。河流大都源远流长，支流众多，亚马孙河全长 6480 千米，是世界流域面积最广、流量最大的河流。湖泊少，瀑布多。委内瑞拉境内的安赫尔瀑布落差达 979 米，是世界上落差最大的瀑布。南美洲也是世界上火山较多、地震频繁的一个洲。尤耶亚科火山海拔 6723 米，是世界上最高的活火山。

世界上最小的洲——大洋洲

大洋洲意为"大洋中的陆地"，由澳大利亚大陆和众多岛屿组成。

大洋洲地处太平洋西南部和赤道南北广大海域中，陆地面积 897 万平方千米，约占世界陆地总面积的 6.0%，是世界上最小的一个洲。地理区域划分为澳大利亚、新西兰、新几内亚、美拉尼西亚、密克罗尼西亚和波利尼西亚六区，共 16 个独立国家，其余十几个地区为美、英、法等国的属地。全洲人口约 4300 万，约占世界总人口的 0.55%。欧洲人后裔占 70% 以上，是除南极洲外，世界人口密度最稀的一个洲。

大洋洲地形以高原山地为主，岛屿面积在世界各大洲中排名第二，仅次于北美洲。澳大利亚西部为高原，海拔 450—500 米；中部为平原，东部为山脉。境内艾尔湖湖面在海平面以下 16 米，为大洋洲最低点。新几内亚岛的查亚峰，海拔 5029 米，是大洋洲最高峰。全洲活火山 60 余座，其中夏威夷岛上的冒纳罗亚火山海拔 4170 米，是全洲最高的活火山。

大洋洲气候绝大部分属热带和亚热带气候。年平均气温为 25—

28℃。

"国际日期变更线"经过太平洋中部，在日界线两边的居民，有着不同的日子：西边靠近日界线的地方最早迎来曙光；东边靠近日界线的地方则是全球最后送别夕阳的"守夜人"。

大洋洲是世界"活化石博物馆"。澳大利亚的动物种类繁多，有袋鼠类近150种，如：袋鼠、袋熊、袋猫、袋獾、袋鼯（会飞）。澳大利亚国徽图案左边是袋鼠，右边是鸸鹋。在全球发生"人口爆炸"之时，澳大利亚袋鼠也迅速繁殖，南部的袋鼠数量已达320万只。新西兰的几维鸟是"国鸟"，但也是"最不像鸟的鸟"，没有尾巴，翅膀已退化，靠双腿奔跑，嘴尖长。

袋鼠

鸸鹋

几维鸟

神秘的南极洲

在地球的最南端，有一块人类最后发现、最后到达的大陆，被太平洋、大西洋、印度洋环抱着，自然条件严酷，人迹罕至，给人以神秘之感。这就是南极洲。

南极点、南极地区和南极洲，是三个彼此联系却又不同的概念。南极点仅是南极地区的一个点,是地轴与地球表面在地球南部的交点。

南极地区是指南纬 66°34′以南地区。南极洲是南极大陆和它周围岛屿的总称。

南极洲总面积 1400 万平方千米，约占世界陆地总面积的 9.4%，为世界第五大洲。大陆海岸线 24700 千米，其中 7500 千米为陆缘冰架。南极洲是世界上纬度最高的洲，接受光热最少，是"地球之最"较多的洲：地势最高，平均海拔 2440 米；冰层平均厚度 2160 米，最大厚度 4776 米，是"冰雪大陆""世界冰库""南极冰盖"；淡水资源丰富，约占全球淡水总量的 80%，是世界淡水资源宝库。

南极洲的气候特征非常独特，主要表现为酷寒、大风和降水稀少。整个南极洲的年平均气温为 -25℃，内陆高原地区能达到 -50℃，并曾经测得 -88.3℃ 的全球地表最低气温。受极地气旋的控制，内陆高原多暴风，风速每秒达数十米甚至上百米，成为全球风力最大的地区，被称为"暴风雪的故乡"。南极洲又是最干旱的洲，气候干燥，降水量少。南极洲的平均年降水量只有 50 毫米，是地球上降水最少的大陆，而且降水几乎全部是雪。

南极洲最高山峰为文森山，海拔 6096 米，除去顶部冰雪有 5140 米。

世界四大洋

海洋是世界最大的地理单元，面积 36105 万平方千米，占地球总面积 70.92%，而地球陆地面积约 14900 万平方千米，只占 29.08%。地理学家按世界大洋分布特点，把全球海洋分为太平洋、大西洋、印度洋和北冰洋。

太平洋——第一大洋

太平洋位于亚洲、大洋洲、南极洲、南美洲、北美洲之间。面积约 17968 万平方千米，占海洋总面积 1/2，是四大洋中最大的，甚至比地球陆地面积大 20%。太平洋与大西洋比，风平浪静得多，气候也较温和，人们称之为"和平之洋"，汉译为"太平洋"。

太平洋是最深的洋，平均深度为 4028 米，全球超过 6000 米的海沟区 29 个，其中太平洋占 20 个。超过万米的六大海沟，都在太平洋，它们是：马里亚纳海沟（11034 米）、汤加海沟（10882 米）、千岛海沟（10542 米）、菲律宾海沟（10497 米）、日本海沟（10374 米）、克马德克海沟（10047 米）。

大西洋——第二大洋

大西洋是地球上第二大海洋，位于西半球，连接南美洲、北美洲、欧洲、非洲和南极洲。总面积 9336.3 万平方千米。平均深度 3627 米，最深处位于波多黎各海沟内，为 9218 米。大洋中的墨西哥湾暖流是世界上最大的暖流，宽度为 60—80 千米，深度约 700 米，流速每昼夜 150 千米。西部有一块海域称为"百慕大"，是有名的"魔鬼三角"。

大西洋航运发达，北大西洋航线为世界最繁忙航线。海港多，拥有世界海港总数的 3/4。荷兰鹿特丹港为欧洲最大海港，是通往欧洲的天然门户，年吞吐量为 3 亿吨以上。

印度洋——第三大洋

印度洋是地球上第三大海洋，位于亚洲、非洲、大洋洲和南极洲之间，北接印度次大陆，东邻东南亚，西邻非洲大陆，南濒南极洲。面积 7492 万平方千米。平均深度 3897 米，最深处 7729 米（爪哇海沟）。

印度洋的独特之处有：赤道横贯北部海域，使它的主体部分处于赤道带、热带和亚热带之内，故称为热带性海洋。水温平均 20—

27℃。含盐度达到34.8‰，其中，红海41‰，为含盐度最高的海域。印度洋有32个海底油田投入开采。从波斯湾到西欧、日本、美国的航线，是海上主要石油运输线。

北冰洋——在四大海洋中最小

北冰洋是地球上最北端的海洋，位于北极圈附近，被亚洲、欧洲和北美洲环抱。通过挪威海、格陵兰海和巴芬湾同大西洋相通，以白令海峡与太平洋相连。面积1310万平方千米。平均深度约1205米。格陵兰岛海盆最深处达5527米，是北冰洋最深点。

迈向海洋强国

海洋与中华民族的命运紧密相连。早在春秋时期，我们的先人就萌生出原始的海权意识。当时的齐国被称为"海王之国"，齐国政治家管仲提出"唯官山海为可耳"的治国主张，说的是由国家统一组织开发陆地和海洋资源，国家就能富强。

中国人很早就开辟了沟通东西方的"海上丝绸之路"。在上千年的时间里，通过海上贸易和文化交流，中国同世界各国互通有无，中华文明也随之传播到世界各地。15世纪上半叶，郑和"七下西洋"更是人类历史上的航海壮举。历史经验充分表明，面向海洋则兴、放弃海洋则衰，国强则海权强、国弱则海权弱。要实现中华民族伟大复兴的中国梦，必须建设海洋强国。

海洋经济发展

海洋经济是推动中国高质量发展的重要引擎，发展海洋经济、加快建设海洋强国，中国成绩斐然。2023年，中国海洋生产总值达到 9.91 万亿元，比上年增长 6.0%，占国内生产总值的比重不断提升。同时，中国已成为全球第一造船大国，其中出口船舶占比八成以上。港口规模稳居世界第一，全球港口货物吞吐量和集装箱吞吐量排名前 10 位的港口中，中国的港口占 7 席。此外海洋交通运输、海洋油气、海洋电子信息、海工高端装备制造、海洋生物医药、海洋创新平台建设等领域发展再上新台阶。

海上钻井平台　　　　　　　　海上风力发电

海洋生态环境保护

海洋是地球上最大的生态系统，对人类的经济和生态福祉至关重要。随着全球化的加深，海洋资源的开发利用日益增加，海洋生态环境保护也面临前所未有的挑战。为此，中国制定了《"十四五"海洋生态环境保护规划》，使陆海统筹的海洋空间规划体系逐步形成，基于生态系统的海岸带综合治理不断深化，并逐步建立了"海域、海岛、海岸线全覆盖""用海行业与用海方式相结合"的海洋空间用途管制制度。同时，通过制定并修订《中华人民共和国海洋环境保护法》，不断加强海洋生态环境保护的力度。此外，还把海洋可再生能源的开发利用作为当前的一个重点，通过风能、潮汐能、波浪能、海流能等多种新型能源的开发，推动能源转型和实现绿色低碳发展。

天津滨海航母公园

海洋科技创新

海洋科技创新方面，中国正朝着自主可控、技术先进、产业升级的方向发展。以"蛟龙号""深海勇士号""海斗号""潜龙号""海龙号""奋斗者号"等潜水器为代表的海洋探测运载作业技术实现质的飞跃，核心部件国产化率大幅提升，在深海探索领域取得了显著的进展和突破。中国科学院海洋研究所研制成功的"探秘神器"深海长期观测系统，可以在南海冷泉区多年连续布放，这一技术突破有助于揭示深海生命奥秘，对南海稳定也具有重要意义。

"蛟龙号"

"深海勇士号"

2020 年 11 月 10 日，中国自主研制的全海深载人潜水器"奋斗者号"在马里亚纳海沟成功下潜至 10909 米，再次刷新了中国深潜纪录，显示出中国在深海探测技术方面的领先地位。

"奋斗者号"　　　　　　　　　　　　"梦想号"

2023 年 12 月 18 日，我国自主设计建造的首艘大洋钻探船——"梦想号"命名暨首次试航活动在广州市南沙区举行，标志着我国深海探测能力建设和海洋技术装备研发迈出重要步伐。大洋钻探船是深海探测的"国之重器"。"梦想号"总吨约 33000 吨、总长 179.8 米、型宽 32.8 米、续航力 15000 海里，具备全球海域无限航区作业能力和海域 11000 米钻探能力。该船可为天然气水合物勘查开采产业化提供重要装备保障，进一步提高我国能源自主保障能力，有力支撑我国实施大洋钻探国际大科学计划，提升"深海进入、深海探测、深海开发"能力，承载全体中华儿女加快建设海洋强国的共同梦想，承载全球科学家"打穿莫霍面、进入上地幔"发展地球系统科学的共同梦想，承载全人类开发地球深部资源的共同梦想。

此外，中国航母从辽宁舰到山东舰再到福建舰，实现了从跟随到领先的跨越，展示了中国在大型舰船制造领域的技术实力，为维护国家主权、安全和发展利益，建设海洋强国奠定了坚实的基础。

辽宁舰航母编队

海洋权益维护

海洋权益是国家领土向海洋延伸形成的权利，包括在领海、毗连区、专属经济区和大陆架等区域的主权权利和管辖权。维护海洋权益是中国建设海洋强国的重要组成部分，它涉及保护国家的海洋资源、确保海上通道的安全、维护国家领土完整以及推动海洋经济的可持续发展。中国作为一个海洋大国，高度重视海洋权益的维护。通过加强海洋科技研发、优化海洋资源开发与利用、加强海洋环境保护与治理、推动海洋经济高质量发展，并积极参与国际海洋合作与交流等措施，致力于构建和谐的海洋环境，保护海洋生态系统，促进海洋经济的健康发展，同时坚定维护国家的海洋权益。

中国在迈向海洋强国的道路上取得了显著成就，但仍面临诸多挑战。未来，中国需要继续加强海洋科技创新，优化海洋资源开发与利用，加强海洋环境保护与治理，推动海洋经济高质量发展，并积极参与国际海洋合作与交流，共同构建海洋命运共同体。

郑和七下西洋

15世纪初，明朝经济逐步繁荣，国力雄厚，成为当时世界上的强国。明成祖称帝后，派郑和率领船队出使西洋，主要目的是为了提高明朝在国外的地位和威望，"示中国富强"，同时也用中国的货物去换取海外的奇珍。

郑和，原姓马，回族，云南人。12岁丧父，在流离中被明军掳去，送进皇宫当了太监。后来跟随燕王朱棣，屡建战功。朱棣称帝，是为明成祖。明成祖十分器重他，提拔他为内宫太监，并赐姓郑。1431年，明朝第五位皇帝明宣宗钦封郑和为"三宝太监"。

从1405年到1433年，郑和率船队7次下"西洋"，规模之浩大，在世界历史上前所未有。郑和所率的船队，满载着中国的优质丝绸、精美瓷器、上等茶叶和漆器等各类物品，以及大量的金银货币。这些物品有的是用于慷慨送礼，展现大国风度，发展相互之间的友好关系；有的是用于贸易，互通有无，互补互利。

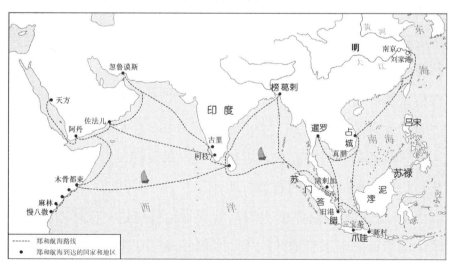

郑和七下西洋线路示意图

郑和7次远航，船队最多时有船200多艘，最少的一次也有60余艘。其中最大的海船可乘千人，是当时世界上最大、最先进的海船。郑和的船队有严整的编队，船只分工明确，分别承担载人、载货、运粮、装淡水等任务，还有战船护航。仅首次下西洋时，就有27000多人，其中有使臣、官兵、航海技术人员、财务人员、宗教人士、翻译、医生、厨师、工匠等。郑和的船队采用了当时世界上最先进的远洋航行技术，能够准确地测定航区、航线和船位，有效地利用季风、海流进行航行。

郑和的船队为保证航行时的协调一致，采用了多种通信手段。白天升旗为号，夜间悬灯为号，遇到天气恶劣视野不良时，则用吹喇叭、敲锣鼓的方式。整个船队的进退、集合、升帆、抛泊等行动，都在统一号令下进行。

郑和的船队先后到达亚洲和非洲的30多个国家和地区，最远到达非洲东海岸和红海沿岸。今天的越南、印度尼西亚、泰国、柬埔寨、马来西亚、斯里兰卡、印度、伊朗、沙特阿拉伯、索马里、肯尼亚、坦桑尼亚等国家，郑和的船队都曾访问过。所到之处，郑和及随行人员都要访问当地的首领，赠送物品，表达通好的意愿，同时与当地居民进行交易。船队回国时，一些国家还派出使者随行，如第6次远航返回时，就有16个国家和地区的使团共1200余人随船队来到中国。

郑和的远航，时间之长，规模之大，在没有现代技术的支持下，依靠古代中国航海技术的智慧，跨越了广阔的印度洋，抵达了未知的非洲大陆，堪称世界航海史上的空前壮举。通过这七次远航，不仅促进了中国与亚非国家和地区的相互了解和友好往来，而且开创了西太平洋与印度洋之间的亚非海上交通线，为人类的航海事业和文明交流作出了伟大贡献。

　　　　　　　　　　　　　　　　地球与人类

地理集锦

世界之最

国土面积最大的国家——俄罗斯

俄罗斯地跨亚欧大陆，面积 1709.82 万平方千米，占地球陆地总面积 1/8，横跨 11 个时区，是世界上国土面积最大的国家。它与 14 个国家接壤，濒临 12 个海，面向三大洋。人口 1.46 亿，地广人稀，人口平均密度不到世界平均密度的一半。但人口分布不均，西伯利亚每平方千米不足 1 人。

国土面积最小的国家——梵蒂冈

梵蒂冈位于意大利罗马市内台伯河西岸，四周为罗马市区环绕，面积 0.44 平方千米，常住人口 764 人（2023 年 10 月）。官方语言为意大利语和拉丁语。信奉天主教。它是一个政教合一的国家，天主教教皇就是国家元首。国家虽小，但在宗教意识上影响世界 10 亿人。

最小的岛国——瑙鲁

瑙鲁位于太平洋中部，由一个独立的珊瑚礁岛构成，距赤道 40 多千米，四周被珊瑚环绕，海岸陡峭，是一个椭圆形岛国，面积 21.1 平方千米，人口约 1.3 万。瑙鲁盛产磷酸盐，全岛 3/5 曾为磷酸盐所覆盖，号称"磷酸盐之国"。属热带雨林气候。

领土最分散的国家——基里巴斯

基里巴斯位于太平洋中西部，国土面积 811 平方千米，人口 12 万。面积虽小，但其领土分布广，32 个环礁及 1 个珊瑚岛，散布于赤道上 3800 平方千米的海域，南北最远相距 2050 千米，东西最远相距 3870 千米，是世界上领土最分散的国家。

基里巴斯是世界上唯一纵跨赤道且横越国际日期变更线的国家，也是世界上唯一地跨南北两半球和东西两半球的国家。

领土最狭长的国家——智利

智利位于南美洲西南部，安第斯山脉西麓，东邻阿根廷和玻利维亚，北界秘鲁，西濒太平洋，南与南极洲隔海相望。智利国土面积 75.7 万平方千米，呈东西窄南北长的长条形，南北长 4352 千米，东西最宽处 362.3 千米，最窄处 96.8 千米，是世界上领土最狭长的国家，被称为"丝带国"。

智利境内多火山，地震频发。有各类火山 2000 多座，其中活火山 50 多座。矿产资源丰富，以盛产铜闻名于世，素称"铜矿之国"。已探明铜蕴藏量达 2 亿吨以上，居世界第一位，约占世界储藏量的 1/3。铜产量和出口量也均为世界第一。

海拔最低的国家——荷兰

荷兰位于欧洲西部。面积 41528 平方千米，人口 1794 万。海岸线长 1075 千米。全境地势低平，是世界上著名的"低地之国"。全国 24% 的领土低于海平面，1/3 的面积高出海平面仅 1 米。西部沿海为低地，东部为冰碛平原，东南部为阿登高原的一部分。

荷兰人民自古以来以筑堤、排水、围海造田著称。在西部和北部沿海有长达 1800 千米的拦海大堤。自 13 世纪以来，围海造田 7100 多平方千米，占全国土地面积 17%。

荷兰以其丰富的历史、文化和自然景观而闻名，被誉为"欧洲门户""风车王国"和"花卉之国"。

海拔最高的国家——玻利维亚

玻利维亚是一个内陆国家，地处安第斯山脉高原，平均海拔在3800米以上，是世界上海拔最高的国家。面积109.8万平方千米，人口1183.2万。其自然环境可分为三个区域：一是东部平原区；二是中部山谷区；三是西部山地高原区，平均海拔4000米以上。位于玻利维亚高原东部的拉巴斯，海拔3577米，虽不是法定首都，但作为政府和议会的实际所在地，被广泛认为是"世界上海拔最高的首都"。

高峰最多的国家——尼泊尔

尼泊尔位于喜马拉雅山脉中段南麓，号称"山国"。面积14.7万平方千米，人口约3059万。北部与中国西藏交界，东、南、西三面与印度接壤。世界屋脊喜马拉雅山脉横贯北部，有多座7000米以上高峰，终年积雪。尼泊尔境内高峰240座，海拔7600米以上高峰50座，世界最高峰——珠穆朗玛峰位于中尼边界上。据统计，世界上8000米以上高峰共有14座。这些山峰全部位于亚洲中南部的喜马拉雅山脉和喀喇昆仑山脉。

世界上海拔最低的盆地——吐鲁番盆地

吐鲁番盆地是天山东部的一个山间盆地。"吐鲁番"是维吾尔语低地的意思。它是一个典型的地堑盆地，也是全国地势最低和夏季气温最高的地方。大部分地面在海拔500米以下，有些地方比海洋面还低。盆地四周为山地环绕，北部的博格达山和西部的喀拉乌成山一段，高度均为3500—4000米。而紧邻盆地南部山麓的最低部分的艾丁湖面都低于海平面1米，是全国最低的洼地。如果以周围山脊线为界，面积50140平方千米，其中低于海平面的面积4050平方千米，盆底艾丁湖低于海平面154.31米，是中国陆地的最低处。

世界七大淡水湖

苏必利尔湖——位于北美洲，湖东北面为加拿大，西南面为美国。面积82400平方千米，是世界上面积最大的淡水湖。东西长563千米，南北最宽处257千米，湖岸线长3000千米。平均深度148米，最大深度406米。湖面海拔183米。

北美五大湖区

维多利亚湖——位于东非高原中部，地处坦桑尼亚、乌干达和肯尼亚三国交界处，赤道横贯北部。面积69400平方千米，是世界上面积第二大的淡水湖。南北最长337千米，东西最宽240千米，湖岸线长约3220千米。平均深度40米，最大深度80米。湖面海拔1134米。

休伦湖——位于美国密歇根州和加拿大安大略省之间。面积59600平方千米，美国、加拿大各占40%和60%，是世界上面积第三大的淡水湖。长332千米，最宽处295千米，湖岸线长2700千米。平均深度60米，最大深度229米。湖面海拔177米。

密歇根湖——位于美国北部。面积 5.8 万平方千米。南北长 494 千米，东西最宽约 190 千米，湖岸线长 2100 千米，经东北端的麦基诺水道与休伦湖相连，西南侧经伊利诺伊—密歇根运河与密西西比河相通。平均深度 84 米，最大深度 281 米。湖面海拔 177 米。

坦噶尼喀湖——位于非洲中部，面积 32900 平方千米，是非洲最大淡水湖。最大水深 1435 米，是世界第二大深湖。湖岸线长 1900 千米。湖面海拔 773 米。

贝加尔湖——位于俄罗斯西南部、蒙古国北部。面积 31500 平方千米，是亚洲最大淡水湖；最大水深 1620 米，是世界第一大深水湖；在地球上已存在超过 2500 万年历史，也是世界最古老的湖。湖岸线长 2200 千米。湖面海拔 455 米。

大熊湖——位于加拿大西北部。面积 31080 平方千米。平均水深 72 米，最深 137 米。湖岸线长 2719 千米。湖面海拔 119 米。

中国五大淡水湖

鄱阳湖——位于江西省北部，长江南岸。赣、抚、信、饶、修等 5 条江河汇注。鄱阳湖是中国面积最大的淡水湖泊，湖区范围面积 3676 平方千米，是长江中下游湖泊群中生物多样性最丰富的湖泊。

鄱阳湖

洞庭湖君山岛

洞庭湖——位于湖南省北部，长江中游南岸。湘、资、沅、澧4水汇注。历史上，洞庭湖曾经是华夏第一大淡水湖，面积一度达到4000平方千米。《水经注》称："湖水广圆五百余里，日月若出没于其中。"后因各种原因减少至现在的2625平方千米，为中国第二大淡水湖。

太湖——位于沪、宁、杭三角地中心，江苏、浙江两省交界处，长江三角洲南部。面积2425平方千米。

洪泽湖——位于江苏省洪泽区西部淮河中游冲积平原上。面积2151.9平方千米。湖内鱼类资源丰富，有近68种。洪泽湖古堰旅游风景区是一个重要的旅游景点。

巢湖——位于安徽省江淮丘陵中部。面积753平方千米。

世界上的大峡谷

雅鲁藏布大峡谷

雅鲁藏布大峡谷位于中国西藏雅鲁藏布江下游。北起米林市大渡卡村（海拔2880米），南至墨脱县巴昔卡村（海拔115米）。经测绘工作者精确测量，峡谷长504.6千米，平均深度2268米（核心地段平均深度2673米），最深处达6009米，是世界第一大峡谷。整个峡谷地区冰川、绝壁、陡坡、泥石流和巨浪滔天的大河交织在一起，环境恶劣，许多地区至今无人涉足，堪称"地球上最后的秘境"。

1987年，中国科学院大气物理研究所高登义等在《中国科学》上发表《雅鲁藏布江下游河谷水汽通道初探》一文指出，青藏高原上的大河雅鲁藏布江，由西向东流，穿过喜马拉雅山东端的山地屏障，猛折成南北向，直泻印度洋平原，形成几百千米长，围绕南迦巴瓦峰的深峻大拐弯峡谷。峡谷平均切割深度在5000米以上。

1994 年 4 月 17 日，新华社记者张继民根据高登义等人的文章，经过调查采访，发表了《我国科学家首次确认雅鲁藏布江大峡谷为世界第一大峡谷》的消息，由新华通讯社播发后，成为世界性新闻。

1998 年 10 月，经国务院批准，大峡谷正式命名为"雅鲁藏布大峡谷"。

雅鲁藏布大峡谷

雅鲁藏布江全长 2057 千米，流域面积 240480 平方千米，河流平均海拔 3000 米以上，是地球上海拔最高的河。它流经林芝地区米林市以后，受地质构造线的控制被迫改变方向，向东北流到东经 95° 左右与帕隆藏布汇合，然后又以海拔 7782 米的南迦巴瓦峰为轴，作了一个近 180° 的急拐弯，像一把巨斧将喜马拉雅山脉劈开一道大口子，直奔印度平原，在墨脱县境内，形成世界地质构造上极为罕见的"马蹄形"大峡谷。它拥有多项世界之最：是世界最大的峡谷，长于美国科罗拉多大峡谷，深于秘鲁科尔卡大峡谷；是全球热带森林最北边界，使热带气候北移五六百千米——5 个纬度带之多；是全球降水量最多的地区，大峡谷腹地墨脱县全年降水量近 3000 毫米；是全球抬升最快的地区，大峡谷地区年上升量达 3 厘米。

科罗拉多大峡谷

科罗拉多大峡谷位于美国西部亚利桑那州凯巴布高原上，长 370 千米，宽为 6—25 千米，平均宽度 16 千米，最大深度 2133 米，平均深度 1600 米。总面积 2724 平方千米。峡谷呈东西走向，蜿蜒曲折。河谷两岸北高南低。科罗拉多河水在谷底汹涌向前，形成两山壁立、一水中流的壮观景象。

"科罗拉多"在西班牙语中意为"红河"，因河水带红色得名。约 60 万年前，广阔的凯巴布高原为两大河系分水岭：东面为古科罗拉多河，西面为瓦拉佩河。随着时间的推移，瓦拉佩河上游冲蚀凯巴布高原，最终与科罗拉多河相连，水流以平均 33 千米 / 小时的速度奔泻，每天冲蚀出数以万吨的岩石和泥土。同时，地壳运动把岩石推起，形成巨大圆丘，使凯巴布高原缓缓上升。在 500 万年中升高 1316 米。河水挟带石块、砂粒摩擦峡谷，使峡谷越冲越深，水流冲击力越来越大，河道两边的峭壁越来越高。

大峡谷岩层丰富多彩。从谷底向上，排列着从元古代到新生代不同地质时期的岩石及生物化石，成为一部"活的地质史教科书"。上千种植物在峡谷上下垂直分布，栖息着 100 多种动物，230 种鸟类。1919 年，美国

科罗拉多大峡谷

将其中最为壮观的一段辟为国家公园。

2007年3月20日，大峡谷上空建造的"空中天桥"揭幕。天桥离地面1200米，钢结构马蹄形桥体延伸出悬崖21米，桥面为10厘米厚的强化透明玻璃，可同时容纳120名参观者游走在桥上，似"云中漫步"。

科尔卡大峡谷

秘鲁科尔卡大峡谷是一个横穿安第斯山的峡谷，四周是安第斯山高原和雪山。长90千米，深3200米。

峡谷内气温变化大，从早晚的1—2℃到中午25℃。生活着南美驼羊和多种安第斯山动物。生长着20多种仙人掌和170种飞禽。其中最大的山鹰，其翅膀长达1.2米，被认为是世界上最大的飞禽。

科尔卡大峡谷

台湾太鲁阁大峡谷

太鲁阁大峡谷位于台湾花莲县西北部，全长20千米，是太鲁阁公园的一部分。峡谷两岸悬崖万仞，山峰陡峭，具有长江三峡雄伟气势，被称为台湾的"三峡"。

"鲁阁"，泰雅语意为"桶"。因峡谷地势险要，作为战场，易守难攻，好似"铁桶江山"。通常称"太鲁阁"。

进入峡谷后，首先看到"太鲁长春"的迷人景色，集山崖、寺庙、溪流、瀑布于一身。沿着溪流绕过一座座巨崖，一座壁立万仞的"屏风岩"出现在眼前。进入"迎宾峡"，是最险峻的地段——锥鹿隧道，由驰名中外的大理石断崖组成，也是全球罕见的大理石峡谷。断崖高达1660米，中横公路镶嵌在岩石峭壁上，险峻无比。

台湾太鲁阁大峡谷

峡谷中最壮观的是"虎口一线天"，亦称"立雾溪"。人在峡中，只见三面崖壁，仰首只见谷天一线。峡谷内险崖犬牙交错，钻进岩腹的隧洞一个连一个，似九曲回肠，称"九曲洞"。

怒江大峡谷

怒江，发源于青藏高原唐古拉山南麓，属印度洋水系，全长2013千米。它自西向东至横断山脉后折转向南，经云南怒江傈僳族自治州，进入缅甸，流向印度洋。在横断山脉折转时，把山地切割成深深的峡谷，称怒江大峡谷。

怒江大峡谷与雅鲁藏布大峡谷、科罗拉多大峡谷相比，难分上下。

峡谷全长316千米。峡谷上宽下窄，上部山脊之间平均宽20千米，下部河床平均宽约100米。深度平均约2500米。峡谷大部分地段与地理经线平行。地势北高南低。峡谷北部海拔4000—5000米，南部海拔2000多米，谷底海拔由近2000米下降至600余米，形成一泻千里之势。

峡谷地区常年生活着傈僳、怒、独龙、白、汉、普米、纳西、藏、彝、傣、景颇等10余个民族。民族风情多姿多彩。

怒江大峡谷

世界上的三大瀑布

尼亚加拉瀑布

尼亚加拉瀑布位于加拿大与美国交界的尼亚加拉河上。河中的高特岛把瀑布分隔成两部分：较大的部分是霍斯舒瀑布，靠近加拿大侧，高56米，宽670米；较小的部分为亚美利加瀑布，靠近美国一侧，高56米，宽320米。

尼亚加拉瀑布

莫西奥图尼亚大瀑布

旧名"维多利亚瀑布"。位于非洲赞比西河中游，地处赞比亚与津巴

莫西奥图尼亚大瀑布

伊瓜苏瀑布

黄果树瀑布

壶口瀑布

诺日朗瀑布

布韦接壤处。宽 1708 米，最高处 108 米，平均深度为 100 米。

伊瓜苏瀑布

伊瓜苏瀑布位于阿根廷与巴西交界的伊瓜苏河，是马蹄形瀑布。高 62 米，宽 4000 米，最大流量为 12750 立方米／秒。

中国瀑布集锦

黄果树瀑布——位于贵州省安顺市镇宁布依族苗族自治县的白水河上。瀑布高约 77.8 米，宽 101.0 米。它是世界上唯一可以从上、下、前、后、左、右六个方位观看的瀑布。被誉为"东方第一瀑布"。

壶口瀑布——世界第一大黄色瀑布，黄河流经晋陕峡谷到达吉县境内，河面从 400 多米宽缩小为 50 余米。《禹贡》称："盖河漩涡，如一壶然。"黄河水跌入深潭，落差 20 米。

诺日朗瀑布——位于四川九寨沟，海拔 2365 米，瀑布宽 270 米，高 24.5 米，是中国大型钙化瀑布之一，也是中国最宽的瀑布。

庐山瀑布——位于江西省九江市的庐山。庐山瀑布群包括多个瀑布，其中最著名的是三叠泉瀑布，被誉为"庐山第一奇观"。庐山瀑布群还包括开先瀑布、石门涧瀑布、黄龙潭瀑布、乌龙潭瀑布、王家坡双瀑和玉帘泉瀑布等。庐山瀑布因唐代诗人李白的《望庐山瀑布》中的"飞流直下三千尺，疑是银河落九天"而声名远播。

庐山瀑布

流沙瀑布——位于湖南湘西吉首德夯九龙溪上游。瀑布落差216米，高度居全国瀑布之冠。瀑布从绝壁之上腾空落下，由于高度太高，水流落到地面，就散落成流沙形状，因而得名。

流沙瀑布

德天瀑布——位于广西壮族自治区崇左市大新县，是中国与越南边境处的归春河上游的一处壮观的自然景观。德天瀑布与越南的板约瀑布相连，被誉为亚洲第一、世界第四大跨国瀑布。瀑布气势磅礴、蔚为壮观，年均水流量约为贵州黄果树瀑布的三倍。

德天瀑布

北纬 30°——一个神奇又可怕的数字

地球北纬 30° 附近，有许多有趣而可怕的事频繁发生，也发生过许多神秘的自然现象。如美国的密西西比河、埃及尼罗河、伊拉克幼发拉底河、中国长江等，都在北纬 30° 入海；世界最高峰珠穆朗玛峰和最深处西太平洋的马里亚纳海沟，也在北纬 30° 附近；还有中国钱塘江大潮、安徽黄山、江西庐山、四川峨眉山，巴比伦"空中花园"，约旦死海，埃及金字塔，北非撒哈拉大沙漠的"火神火种"壁画，加勒比海百慕大三角区……在北纬 30° 这一纬度线附近，奇事怪事真是太多了。

在北纬 30°，地震、海难、火山和空难等时有发生。据史料记载，在中国西藏地区共发生 8 级地震 4 次，7—7.9 级地震 11 次，6—6.9 级地震 86 次。1950 年 8 月 15 日在墨脱发生过 8.6 级地震。1931 年，苏联地理学家奥圣多夫斯基在藏经中发现，几千年前，今天的巴哈马群岛、安纳利斯群岛及墨西哥湾地区，一块巨大的大陆沉没了。百慕大三角区，自 16 世纪以来，有数以百计的船只和飞机在这片海域失踪。第二次世界大战期间，在川藏北纬 30° 线上，美军损失飞机 468 架。2008 年 5 月 12 日，四川汶川大地震就发生在该线附近。

专家认为，这些神秘的现象与地球内部有关。青藏高原是当今隆起速度最快的地区之一，目前每年以近 10 毫米的速度上升。全球地壳平均厚度为 35 千米，青藏高原地壳达 70 千米。青藏高原的形成与地球上大陆沉没有关。大约 4000 万年前第三纪初期，喜马拉雅山地区还处于一片汪洋之中，史称古特提斯海。那时古印度大陆并不是亚洲的一部分，它位于南纬 40° 的地方，与古亚欧大陆隔海相望，经过漫长的地质年代，古特提斯海长途跋涉 7000 多千米，向亚欧板块

地球与人类

漂移，并俯冲到板块下。再经历几百万年，强烈的板块俯冲运动，使古特提斯海消逝了，印度古陆与亚欧古陆合二为一，形成地球第三极。

长江曾经断流

1342 年，在江苏泰兴境内，千万年从未断流的长江水突然枯竭见底，沿岸居民下河拾取遗物，江潮又骤然而至，淹死很多人。1954 年 1 月 13 日下午 4 时，这一奇怪现象在泰兴再度出现，断流两小时后，江水汹涌而下。

鄱阳湖"魔鬼三角"

1945 年 4 月 16 日，2000 多吨级的日本"神户丸"轮舱，在鄱阳湖西北老爷庙水域突然失踪，船上 200 余人无一生还。40 年后美国潜水专家爱德华·波尔和 3 个伙伴下水寻找"神户丸"，这一庞然大物毫无踪迹。正当他们继续向西北方向寻去时，忽然出现一道耀眼白光飞快地向他们射来，耳边呼啸如雷的巨响隆隆滚来，一股强大的吸引力，将他们紧紧吸住，3 个潜水员随白光逐流而去，只有波尔挣扎出水面。

原始部落神殿遗址

在黎巴嫩巴尔别克村有一个原始部落遗址，它的外围城墙是用 3

原始部落神殿遗址

块巨石造成，每块都超1000吨。其中，仅一块石头就可建3幢高5层、宽6米、深12米的楼房，墙厚达30厘米。这3块巨石如何运来？无人能说清楚。

"巴别"通天塔

"巴别"通天塔

地处幼发拉底河流域的巴比伦城，距巴格达100多千米，矗立着年岁久远的"巴别"塔，当地人称为"埃特曼南基"，意为"天地的基本住所"。为何要造通天塔呢？至今无人回答。

比萨斜塔

比萨斜塔

坐落在意大利中部比萨古城内的比萨斜塔至今已有800多年历史。此塔建至不到一半高度时开始倾斜，斜度为1.2°—1.5°，有望创下"千年不倒"甚至"万年健在"的纪录。

马耳他岛上的轨迹

地中海中部岛国马耳他，面积316平方千米。岛上有一条奇特的轨迹，凹槽深度72厘米，延伸至地中海中深达42米的地方。从古至今，

马耳他岛上的轨迹

那不勒斯"死亡谷"

加州"死亡谷"

百慕大"魔鬼三角区"

巴比伦"空中花园"

关于轨迹的 20 多种猜想，无一成立。

那不勒斯"死亡谷"

在意大利那不勒斯和瓦勒尔湖附近，有两处"死亡谷"，只危及飞禽走兽，对人类没有威胁。每年在"死亡谷"丧命的各种动物超过 3 万只，是世界上破坏生态平衡的最大"元凶"。

加州"死亡谷"

美国加利福尼亚州与内华达州毗邻的山中，有一条长 225 千米、宽 6—20 千米、面积 1400 平方千米的"死亡谷"。200 多种鸟类、10 多种蛇、1500 多种野驴在此逍遥自在，但人类到此会不明不白地死去。

百慕大"魔鬼三角区"

人们提到百慕大，就会感到毛骨悚然。科学家认为，此处可能有一块巨大陨石。据研究，约 1500 年前，有一块巨大陨石从太空飞来，掉入大西洋。这块陨石犹如一个大黑洞，具有极大的吸引力，甚至光线也能吸引进去，何况飞机、轮船。

巴比伦"空中花园"

公元前 604—前 562 年，美索不达米亚平原上有一个国家叫巴比伦。干燥的平原上没有树木，国王尼布甲尼撒下令建造空中花园。

空中花园遗址在今伊拉克首都巴格达西南方90千米，它不是真悬在空中，而是建在120多平方米的石地基上，高约24米，上面种满鲜花、树林，还有溪流、瀑布、亭阁等。

古代丝绸之路上的"黑水城"

西夏古城"黑水城"位于内蒙古额济纳旗巴丹吉林沙漠西北部，在西夏至元代最为鼎盛，是古代丝绸之路上的重要城市。

古代丝绸之路上的"黑水城"

20世纪初，俄国军人科兹洛夫和英国人斯坦因在"黑水城"发现大量西夏文献。这一发现被公认为是19世纪末、20世纪初殷墟甲骨、敦煌遗书之后的中国第三大考古文献发现。

额济纳旗面积11.46万平方千米，戈壁沙漠占94%。由于沙化严重，"黑水城"四周城墙已有半数被流沙掩埋。遗址西北角耸立的佛塔座也被风沙剥蚀，裂痕斑斑。

"黑水城"中残垣断壁随处可见。据考证，"黑水城"古城由西夏政权建立。古城东西长 422 米，南北宽 374 米，总面积 15.7 万平方米，城内外建有佛教寺庙和清真寺，因出土西夏珍贵文物而闻名于世。

陕西发现秦国"地上天国"——全天星台遗址

2008 年 11 月 17 日，《西安晚报》报道，日前，秦帝国全天星台遗址被完整发现。它由 1424 个圆形或椭圆形土台组成，分别与 332 个星宿或星官对应，又分别对应秦帝国的疆域山川，郡县城障，宫廷苑囿，文武百官，军队、监狱、社会百业等。同时，这些星台与各种神话世界相呼应，构成完整的"地上天国"。

"地上天国"星台群东临黄河，西跨明长城内外，南止秀延河下游，北达鄂尔多斯高原，面积 2.8 万平方千米，大部分在陕北。

据考证，"地上天国"星台群为秦始皇统一六国（齐、楚、燕、韩、赵、魏）后，命大将蒙恬驻守上郡时主修，历时 6 年。遗址总轮廓为女娲补天形，头北足南，"身高约 809 秦里（折合 337 千米）"，"体宽"约 365 秦里（折合 157 千米），自上而下分 9 层，每层各含若干星宿或星官，印证"天有九层"古老传说，表明当时"盖天说"占统治地位。

考古人员利用航测地形图及参照《开元石经》等文献资料，发现一些重要星台旁设有观象所、星台等，表明当时统治者通过观星、祭星、占星这些独特方式来预测军国大事。研究人员认为秦星台是秦长城、秦直道之后又一庞大而周密的建筑工程。

中国首次精确测出明长城总长为 8851.8 千米

2009 年 4 月 18 日，国家文物局和国家测绘局在北京八达岭联合举行长城数据发布仪式。国家测绘局局长徐德明宣布，经过近两年科学调查和测量，首次获得明长城精确数据：明长城东起辽宁虎山（东经124°30′56.70″，北纬40°13′19.10″），西至甘肃嘉峪关，从东向西经辽宁、河北、天津、北京、山西、内蒙古、陕西、宁夏、甘肃、青海10个省（自治区、直辖市）的156个县域，总长度为8851.8千米。其中，人工墙体长度为6259.6千米，壕堑长度为359.7千米，天然险长度为2232.5千米；敌台7062座，马面3357座，烽火台5723座，关堡1176座，相关遗迹1026处；另外，通过调查和测绘还新发现了与长城有关的各类历史遗迹498处。

长城是中华民族的象征，是世界上规模最大的文化遗产。1987年，联合国教科文组织将长城整体列入世界遗产名录。

此次长城资源调查、测量首次运用先进的航空遥感、地理信息系统、全球卫星定位系统等现代测绘技术，确保了明长城测量精度。

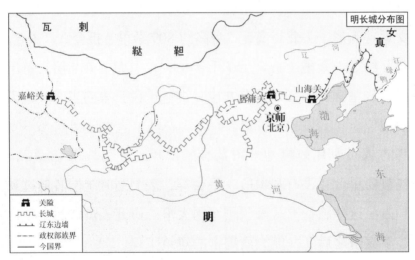

注：公元前214年，秦始皇派大将蒙恬率30万大军北逐匈奴，占据河套，并修筑长城，把过去秦、赵、燕三国的长城连接起来，从临洮到辽东绵延万里，始称"万里长城"。到了明代，从洪武到万历，经过20次大规模修建，筑成了东起辽宁虎山，西至嘉峪关的长城。

　　　　　　　　　　　　　　　　　　　　地球与人类

世界新七大奇迹

2007年7月，世界新七大奇迹由"新七大奇迹基金会"组织，经过全球公众投票选出，旨在提高世界文化遗产的保护和公众意识。它们分别是中国长城、约旦佩特拉古城、巴西基督像、秘鲁马丘比丘遗址、墨西哥库库尔坎金字塔、意大利古罗马斗兽场和印度泰姬陵。中国长城以票数最多位列榜首。

中国长城　　　　　　　　　　巴西基督像

印度泰姬陵　　　　约旦佩特拉古城　　　秘鲁马丘比丘遗址

墨西哥库库尔坎金字塔　　　　意大利古罗马斗兽场

让历史告诉未来——世界十大废墟

世界十大废墟包括了多种文化和历史背景下的遗址，从古代文明到现代废弃的建筑，它们各自以独特的方式展现了人类历史的沧桑变迁。余秋雨曾感怀："我诅咒废墟，我又寄情废墟。没有废墟就无所谓昨天，没有昨天就无所谓今天和明天。废墟是课本，让我们把一门地理读成历史。"

这些废墟不仅展示了人类文明的发展和变迁，也成为吸引世界各地游客的独特景观。每处废墟都有其独特的故事和历史背景，值得我们去探索和了解。

丹麦古堡废墟

古埃及废墟

印度中世纪夏里要塞废墟

意大利庞贝古城废墟

地球与人类

秘鲁马丘比丘废墟

柬埔寨吴哥圣剑寺废墟

柬埔寨吴哥窟废墟

古罗马废墟

美洲玛雅城废墟

中国圆明园废墟

地球上十大迷人沙漠

中国塔克拉玛干沙漠——总面积337600平方千米，南北宽约400千米，是中国境内最大的沙漠。

埃及法拉夫拉沙漠——位于埃及法拉夫拉以北约45千米处，沙漠颜色如奶油一样白。

中国塔克拉玛干沙漠　　　　　　埃及法拉夫拉沙漠

智利阿塔卡马沙漠——位于智利北部，介于南纬18°—28°，南北长约1100千米。它是世界最干旱的沙漠。自16世纪以来，干旱延续了400多年。

巴西拉克依斯马拉赫塞斯沙漠——位于巴西北部滨海地区，面积约300平方千米。沙丘与深蓝色咸水湖相伴。

智利阿塔卡马沙漠　　　　　巴西拉克依斯马拉赫塞斯沙漠

玻利维亚乌尤尼沙漠——位于玻利维亚西南部高原地区，海拔3700多米。总面积1.2万平方千米，是世界上最大的盐湖，盐层厚度达 10 米，总储量 650 亿吨。

撒哈拉沙漠——位于非洲北部地区。西濒大西洋，北临阿特拉斯与地中海，东为红海。东西长 4800 千米，南北宽 1300—1900 千米，面积 860 万平方千米，是地球上最大的沙漠。

玻利维亚乌尤尼沙漠　　　　　　　　撒哈拉沙漠

埃及黑色沙漠——位于法拉夫拉白色沙漠东北约 100 千米远的地方。所在地区属火山喷发而形成的山地，都是黑色小石头。

纳米比亚纳米布沙漠——位于南非西海岸线上，是世界最古老的沙漠，拥有全球最高沙丘，达 300 米，是唯一能看到大象的沙漠。

澳大利亚辛普森沙漠——因铁质长期风化使沙石披上了一层氧化铁外衣，在阳光照耀下呈现鲜艳壮观的红色。

南极洲——最干燥也是最潮湿的沙漠，是世界上最冷的地方，1960 年曾测到 –88.3℃的极端最低气温。说干燥，是因为年降水量不足 50 毫米；说潮湿，是因为 98% 的面积被冰雪覆盖。

纳米比亚纳米布沙漠　　　　　　　　澳大利亚辛普森沙漠

地球上的奇特地理景观

尖角海滩——位于克罗地亚，一端伸入海中，随着风向而改变，因此也叫多变的海滩。

大蓝洞——伯利兹是北美洲一个小国家。大蓝洞位于伯利兹城东 90 千米处。该蓝洞直径 304 米，深 122 米。

斑点岩屋——位于土耳其卡帕多西亚，最初为基督教徒躲避罗马教皇迫害的避难所。

波涛谷——位于美国西南部亚利桑那州，像一座大型游泳池，墙面是令人眩晕的波形，波形大部分呈水平走向。

阿尔加罗沃游泳池——位于智利，长 1013 米，总面积达 8 万平方米，相当于 11 个足球场这么大，是世界上最大的游泳池。

鲨鱼湾——位于澳大利亚西部海岸，由蓝绿色海藻形成的叠层岩组成，拥有世界上最大海草床和濒临灭绝的多种动物。

螺旋形防波堤——是由美国艺术家罗伯特·史密斯于 1970 年用玄武岩和泥土创造而成。

魔怪谷州立公园——该公园由很多小沙石和沙漠上突起的奇形岩石构成。

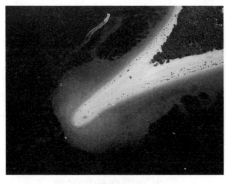
尖角海滩

伯利兹城大蓝洞

斑点岩屋

波涛谷

阿尔加罗沃游泳池

澳大利亚鲨鱼湾

螺旋形防波堤

魔怪谷州立公园

世界上最极端的地方

地表距地心最远的地方——厄瓜多尔钦博拉索山。地球不是标准的球形，也不是标准的椭圆形，而是一个南大北小、中间鼓起来的"梨形"。如果从地心算起，赤道地区相对其他地区要厚。南美洲的厄瓜多尔位于赤道上，钦博拉索山海拔6310米，经测算，离地心最远。

世界上最干燥的地方——南极洲干谷。南极洲绝大部分为冰雪覆盖，但在南极洲有一个三角盆地，无冰雪，四壁陡峭，被称为南极干谷。干谷呈"U"字形。据考察，干谷已有200多万年没有下雨，年降雪25毫米也被风吹走。

世界上最热的地方——伊朗卢特沙漠。位于伊朗东南部。美国宇航局的卫星曾记录伊朗卢特沙漠的表面温度高达71℃，据推测，这是有史以来记录地球表面的最高温度。气温之所以如此之高，是因为地表被黑色的火山熔岩所覆盖，容易吸收阳光中的热量。

世界上最潮湿的地方——美国怀厄莱阿莱。正所谓世界之大无奇不有，有的地方一年也下不了一场雨，但有的地方，一年365天几乎天天都在下雨，它就是美国夏威夷考爱岛上的怀厄莱阿莱。平均年雨量12244毫米，每年平均有335天下雨，有世界"湿极"之称。

世界上最冷而有人居住的地方——俄罗斯奥伊米亚康。位于俄罗斯西伯利亚东北部的奥伊米亚康村，是北半球的"寒极"。2018年1月中旬，奥伊米亚康村测得-67℃的极寒天气，逼近1933年2月测到的-71℃记录。该村地处高纬度地区，太阳高度角小，地面获得热量也少。该村处于东西南三面被山脉包围的谷地中，暖风吹不进，北方冷空气长驱直入。这里有村民常年生活，是世界上最寒冷的永久居住地。

第四篇

地球人

人类起源

人类的起源，是学术界最头痛的问题，不论是人类学家、考古学家、历史学家、生物学家，甚至哲学家、宗教家，都对人类起源进行过不同角度的研究，但至今没有令人完全信服的说法。

人类起源有许多神话传说，归纳为五种："呼唤而出""原本存在""植物变的""动物变的"和"泥土造的"。其中，"泥土造的"说法最多，也最为流传。根据《山海经》和《楚辞天问》的记载，女娲用黄土和水混成泥巴，仿照自己的样子捏出很多小泥人，这些小泥人围着她活蹦乱跳。后来，女娲觉得捏人太慢，便用一根藤条沾满了泥浆，然后甩出的泥浆全都变成了人。女娲还为人类立下了婚姻制度，使青年两性相互婚配，繁衍后代。

1871 年，达尔文在《人类的由来》中讲了两个问题：一是人类在哪里最早出现，二是人类进化的方式，提出了生命起源和发展的基本观点。他认为，这是一个通过自然选择的进化过程，而且是一个开放的过程，是由低级生命形态向高级生命形态的运动。他从化石中发现 1.5 亿年前，有一种像鸟一样的恐龙，称为"始祖鸟"，样子像爬行动物，又像是鸟类。达尔文说，人类诞生地在非洲。因为，非洲现在生存着大猩猩和黑猩猩两种猿，这是人类最近的亲属。

《人类的由来》指出，人类的重要特征是：两足行走，技能和扩大的脑是协调地产生的。书中说，如果人的手和臂解放出来，脚更稳固地站立，这对人有利的话，那么有理由相信，人类的祖先愈来愈多地两足直立行走，对他们更有利。如果手和臂只是习惯地用来支持整个体重，或者特别适合于攀树，那么手和臂就不能变得足够完善以制造武器或有目的地投掷石块和矛。

1961 年，耶鲁大学的埃尔温·西蒙斯宣布：一种人称为腊玛古猿的似猿动物，是最早的人科成员物种。它的颊齿（前臼齿和臼齿）像人的颊齿，咬合而平整，不像猿那样尖。与此同时剑桥大学的戴维·皮尔比姆与西蒙斯共同描述了腊玛古猿的颌骨解剖性状，并得出结论说，最初的人出现于距今 1500 万年前，也可能是 3000 万年前。这些观点向人们揭示，人类起源"最初的推动力"，是从直立行走、制造工具到狩猎，再到脑量增大。

20 世纪 60 年代，人类学家把狩猎——采集者的生活方式，视为人类起源的关键。1966 年，一个名为"人·狩猎者"的人类会议在芝加哥大学举行。"狩猎造就了人"成为与会者压倒一切的高调。会议肯定"狩猎"在人类进化中的作用，这是人类学家思想发展的里程碑。

1967 年，加利福尼亚大学的两位生物化学家阿伦·威尔逊和文森特·萨里奇，通过比较现代人和非洲猿类（黑猩猩）某种血液蛋白质结构认为，最早人类物种的出现，距今大约 500 万年前。经过激烈争论，大多数人类学家赞成了他们的观点。腊玛古猿的人科地位被否定了，对达尔文的论点也开始产生动摇。

威尔逊、萨里奇指出，我们与黑猩猩之间的关系要比我们曾经想象的更近，现代人类的脱氧核糖核酸（DNA）与黑猩猩的脱氧核糖核酸只有 1.6% 的差异，也就是说，人类 98.4% 的脱氧核糖核酸与黑猩猩几乎一样。当恐龙在 6500 万年前趋于灭绝的时候，哺乳动物与其他动物迅速分离，但人类与黑猩猩之间是在大约 500 万—700 万年前互相分离的。

科学家认为，大约在 1200 万年前，持续的地质构造运动使地球环境进一步发生变化。非洲大陆发生了激烈的地壳运动，形成一条从北到南的长达 8000 千米的东非大裂谷，裂谷两侧生态环境因此而显著改变。这对"人"和"猿"的进化产生关键性作用。法国人类学家伊夫·柯盘斯说，由于环境的力量，"人"和"猿"的共同祖先群体本身就分开了。这些共同祖先西部的后裔仍生活在湿润的树丛环境里，他们是"猿类"；东部的后裔，为了适应在开阔地带环境的生活，开创了一套全新的技能：两足行走。他们就是"人类"。但是，最早的"两足行走"的猿，只是在其行动方式上是"人"，他们的手、上下颌和牙齿仍然是"猿"，食物没有改变，只是获得食物的方式不同罢了。

世界大多数人类学家认定，人类起源于东非大裂谷，但也有科学家认为，人类起源地不是唯一的。现代人类具有亚、非、欧洲等多个发源地。有人在奥地利发掘出约 1500 万年前的森林古猿化石，以此认定他是人类的祖先。至今世界上发现腊玛古猿化石的国家有中国、巴基斯坦、印度、土耳其、希腊、匈牙利、肯尼亚和尼泊尔等，这些不同地区、不同类型的腊玛古猿，具有从猿进化到人的许多特征。因此，人类诞生地也可能在亚洲。

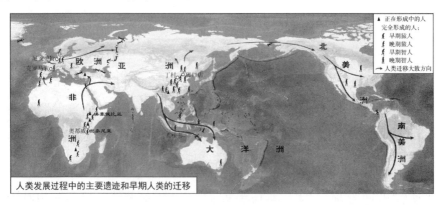

人类发展过程中的主要遗迹和早期人类的迁移

1956—1957 年，中国考古工作者先后在云南开远市小龙潭第三纪煤系中发现 10 枚臼齿化石，第一次透露出云南古人类发展的信息。后来又在小龙潭矿区发现 25 枚古猿牙齿的上颌骨。科学家认定，在约 1200 万年前，开远是茂密的森林地带，生活着腊玛古猿等动物群。

1965 年 5 月，地质工作者在云南元谋县发现 2 颗古人类牙齿化石。经研究，认定为元谋直立人门齿。1973 年冬，在元谋人化石的地层，发现 3 件"刮削器"，这是元谋人 170 万年前的石制工具。这一发现，引起广泛关注。从此，元谋人作为目前中国和亚洲发现的最早原始人载入了史册。

从哺乳动物到人类祖先——从地质年代看人类起源

从 6500 万年前至今，地质学上叫"新生代"，就是有新的生物出现的时代；这新的生物就是哺乳动物。实际上，早在中生代三叠纪晚期（2.1 亿年前）就出现了哺乳动物，只是体型很小，在巨大的恐龙面前，生存环境处于劣势。但是，哺乳动物虽小却是胎生的，繁殖率高。当 6500 万年前的大灾变（巨大的小行星碰撞地球）突然降临的时候，恐龙因经受不了严寒而纷纷倒下，哺乳动物却活了下来，并取得主导地位。

中生代是爬行动物的天下，新生代是哺乳动物的天下。大约 2000 万年前，哺乳动物出现了一个分支——猿类。猿类是智商最高、大脑最发达的哺乳动物。它们生活在茂盛的热带雨林里，在树上行走攀爬，自由自在，无忧无虑。然而，好景不长。由于地壳上升，东非裂谷形成，气候开始变化。大约 1500 万年前，雨量逐渐减少，干旱接踵而至，森林变得稀疏起来，出现大片草原和林间空地。大约 500 万年前，南方古猿开始分化，一部分随着森林的变迁而迁移，另一部分去草地上寻找食物，容易暴露自己。南方古猿一面觅食，一面东张西望，以防天敌攻击。有时候找到一点食物，例如几只香蕉，刚想吃，却来了一头狮子，它们只好向附近的树林跑去或爬到树上。舍不得丢弃香蕉的古猿，用前肢抱住香蕉，用后肢拼命逃跑。这样跑来跑去，终于学会了直立行走，这是从猿到人漫长进化中的第一步。但是，人类的进化与大脑发育关系极大。那时候，古猿的脑容量只有400—500毫升，基本上还是猿的特性，只能叫类人猿。

大约200万年前，也就是说南方古猿经历300万年进化后，发展到"鲍氏古猿"，其平均脑容量达到700毫升，不仅能直立行走，还能制造工具，被称作"能人"。这是最早的原始人。

人类进化过程示意图

"能人"第一次走出非洲，来到亚洲和欧洲。大约100万年前，演化出了真正的"直立人"。在中国陕西发现的蓝田直立人，脑容量为780毫升，时间大约是100万年前。云南元谋人和安徽和县发现的直立人化石，时间都在100万年以上。周口店发现的北京直立人，时间只有20万—50万年，平均脑容量达到1089毫升。

大约30万年前，作为直立人和现代人之间的过渡类型——早期智人，出现在非洲、亚洲和欧洲大陆上。大约4万—20万年前的欧洲、西亚早期智人，平均脑容量达到1500毫升。在中国发现的早期智人有：辽宁的金牛山人（脑容量1390毫升）、陕西的大荔人（男性脑容量1120毫升），还有广东的马坝人、山西的许家窑人、湖北的长阳人等。

大约 5 万年以前，早期智人被与现代人完全相同的晚期智人所取代。非洲的晚期智人化石有弗洛里斯巴人和巴德洞人等，具有黑种人的特性；欧洲的克罗马农人，具有白种人和非洲黑种人的特性；中国广西柳江人、四川资阳人和北京周口店山顶洞人等，具有明显的黄种人特性。

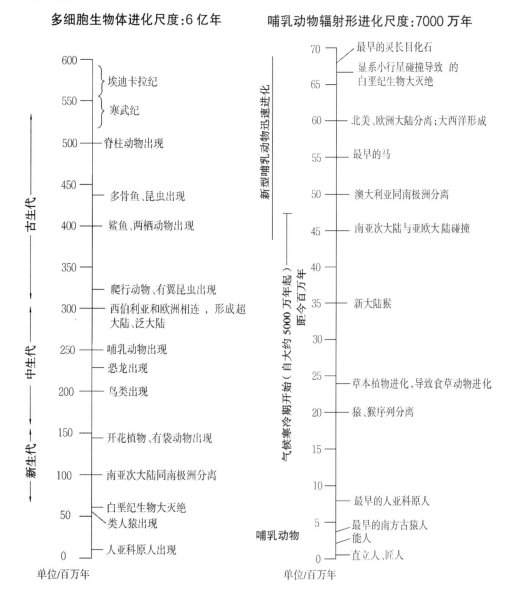

多细胞生物体进化尺度：6 亿年　　哺乳动物辐射形进化尺度：7000 万年

世界人口

世界人口的增长

回顾 20 世纪人口发展变化，令人惊心动魄。在这 100 年中，世界人口从 15 亿增加到 60 亿，增长 3 倍。这种人口数量"爆炸性"增长的速度和规模，为人类历史仅见。

根据世界人口年会提供的材料，1830 年，地球人口达到 10 亿，1930 年达到 20 亿，1960 年 30 亿，1974 年 40 亿，1987 年 50 亿，1999 年 60 亿，人口增长在 20 世纪呈加速状态。21 世纪以来，全球人口增速有所放缓，但大多数发展中国家仍呈现快速增长的趋势。

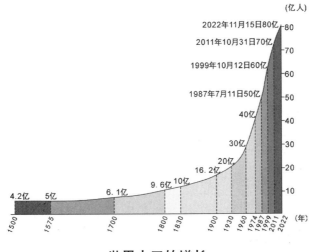

世界人口的增长

世界人口每增加 10 亿人所需要的时间越来越短。从 1575 年至 1830 年，人口从 5 亿达到 10 亿，中间经历了 255 年；第二个 10 亿，用了 100 年；第三个 10 亿，只用了 30 年；1960—1974 年，人口从 30 亿达到 40 亿，只用了 14 年；1974—1987 年，又增加 10 亿，只用了13年；1987—1999年，人口达到60亿，只用了12年。2005年6月，世界人口年会宣布，世界人口已接近65亿。2011年10月31日为"世界70亿人口日"，2014年达到71亿。2016年，世界人口达到了72亿6231万人。截至2021年1月，全球人口总数为75亿8520万人。根据联合国最新数据，2022年11月15日，世界人口总量达到80亿。

1992年和2022年世界人口前十位国家的变化

1992年		2022年	
国家	人口（百万）	国家	人口（亿）
中国	1188	印度	14.2
印度	880	中国	14.1
美国	225	美国	3.33
印尼	191	印尼	2.76
巴西	154	巴基斯坦	2.4
俄罗斯	149	尼日利亚	2.27
巴基斯坦	125	巴西	2.03
日本	124	孟加拉国	1.7
孟加拉国	119	俄罗斯	1.46
尼日利亚	116	日本	1.24

老龄化问题突出

全球人口老龄化是一个显著且加速的趋势。2018年，人类又达到另一个里程碑——有史以来第一次，全球65岁以上的人数超过了5岁以下的人数。预期寿命延长，生育率下降。

在人口趋势转变的过程中，生育率的加速下降和死亡率的持续下降导致的人口老龄化趋势非常明显。从2005年开始，世界人口进入老龄化阶段，特别是从2015年后，老年人口占比的增速明显加快。2021年，全球65岁及以上的人口已经达到7.61亿，预计到2050年，这一数字将增加到16亿。

随着老年人口比重的上升，会导致劳动力市场供不应求、社会保障压力增大、养老服务床位总量和服务质量难以满足要求等一系列问题，进而影响社会经济的发展。

世界人口分布

世界人口分布极不均衡，有"四大密集区"和"四大稀疏区"。"四大密集区"即东亚、南亚、西欧、美国东北部。"四大稀疏区"即高山高原区（主要分布在亚洲、北美）、极地寒冷区（南极大陆、北冰洋附近地区）、干旱沙漠区（撒哈拉、中亚和澳大利亚）、赤道湿热区（亚马孙河、刚果河流域）。

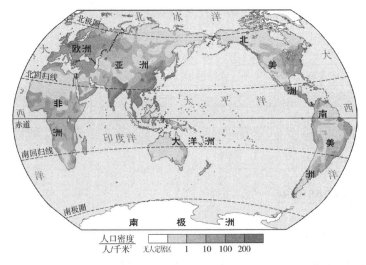

世界人口密度分布

中国人口

在春秋战国时期，各种战争共发生近 700 次。战国末年，中国人口约 2000 万人。至公元 2 年，全国人口为 5959 万人。经过西汉末年的混战，到公元 57 年（东汉初），中国人口只剩下 2100 万。公元

156 年，人口达到 5007 万。公元 221 年经过黄巾起义和三国混战，人口下降至 90 万。三国末年统计，人口为 767 万。隋末至唐初，人口由公元 606 年的 4602 万人，减至 639 年的 1235 万人。公元 1121 年（宋宣和三年），全国人口 9347 万。到公元 1274 年（元初至元十一年），人口又大减到 887 万。从李自成起义到吴三桂灭亡，明末清初混战 54 年，明末人口有 1 亿人，到清世祖时，只剩下 1400 万人了。公元 1786 年（清乾隆五十一年），全国人口为 39110 万人，白莲教起义（1796—1804）后，人口又减为 27566 万人。太平天国起义（1851）前夕，中国人口为 4.3 亿。太平天国失败（1864）后，人口剩下 2.3 亿人。直至 1911 年，全国人口才恢复到 3.4 亿人。1949 年末，中国大陆人口为 5.4167 亿，占世界人口比例下降到 22%。1950 年起，由于生产发展、人均寿命提高，世界各国人口迅速增长。1990 年末，中国人口已达 114333 万人，但占世界人口比例一直保持在 22% 左右。

2012—2021 年，中国年均出生人口为 1620 万人。2021 年末，中国人口数量为 141260 万人，比 2012 年末增加 5338 万人，年均增长 593.1 万人，年均增长率为 0.4%。

从中国第七次全国人口普查数据来看，2020 年中国总人口为 141178 万人，而到了 2022 年末，人口减少到 141175 万人。这表明中国的人口增长已经转向负增长，这一变化与全球其他发达地区的人口趋势相似，如欧洲、北美等发达地区。

中国人口分布

中国人口基数大，老龄化严重，分布不均，以黑河—腾冲为界，以西人口密度小，以东人口密度大，有"两密""两疏"的分布特点。"两密"即东部沿海地区密集、平原地区密集；"两疏"即西部高原地区稀疏、山区人口稀疏。中国人口占世界的比例逐步下降，城镇人口在迅速增长。全国平均每平方千米约140人。其中新疆、青海、西藏3个省级行政区的人口密度在每平方千米10人左右，江苏、山东、河南、台湾4省及北京、天津、上海3直辖市则每平方千米超过500人。

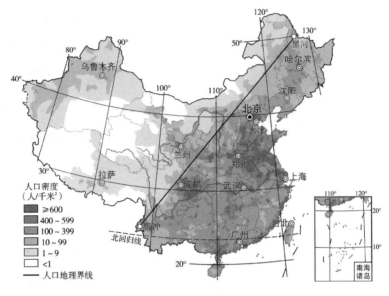

中国人口密度分布

世界的人种

人种，是指人类在一定区域内，历史上形成的、在体质上具有某些共同遗传性状（包括肤色、眼色、发色和发型、身高、面型、头型、血型等）的人群。

关于世界人种的划分，不同的来源和学者有不同的分类方法。从历史和传统的角度来看，人种通常被分为三大类。一是黄色人种（或称蒙古人种），肤色黄，头发直，脸形宽平，鼻梁中等高度。二是白色人种（或称高加索人种），皮肤白，鼻梁细高，眼睛颜色和头发类型多种多样。三是黑色人种（或称尼格罗人种），皮肤黑，嘴唇较厚，下巴较低，鼻子宽，头发卷曲。

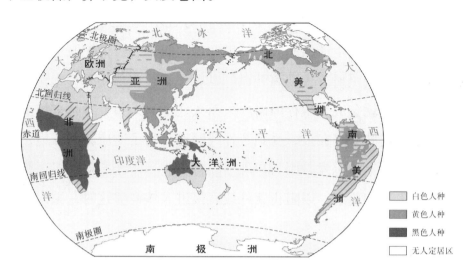

世界主要人种分布

随着人类学和遗传学的发展，现代科学研究倾向于使用更细致的分类方法。例如，一些研究将人种分为五个主要类别：高加索人种、埃塞俄比亚人种、美洲人种、马来人种和蒙古人种。

人种是根据体质特征所作的生物学划分，不是文化上的分类，应该严格与"民族"这个概念区分开来。人种作为生物学概念，要看到以下几点：一是人种之间的差别仅仅是某种基因的频率不同；二是由于各种中间类型的存在，各种族之间并没有不可逾越的界线。种族在遗传上是"开放"的，不同种族之间可以通婚，而且迁徙能力强，任何纯种族分类的想法都是错误的。

人类肤色差别为什么如此大？

世界上人种很多，但是，如果从皮肤的颜色看，黑种人、黄种人和白种人区别最明显。首先要了解，人类从赤身露体到穿上衣服，是人类文明的重要一步。那么，人类为什么要脱去毛发，又是怎样脱去的呢?

自人类从猿类进化以来,由于生活方式不同,人体便开始发生适应性变化。仍然生活在非洲丛林里的猩猩们,一身毛发既可保暖,又可抵挡紫外线照射。人类离开森林以后,必须在阳光下奔跑。如再披一身毛发,就会成为生存障碍。久而久之,类人猿毛发越来越少。毛发少了,皮肤暴露在外,受到紫外线照射。为了适应新的环境,首先要保护脑袋上的毛发,因为户外活动,脑袋受阳光照射最多;其次要使皮肤上增加色素,以阻止紫外线直接进入体内。这时,猿人和类人猿在外表上出现明显不同。

但是,紫外线对人体有害也有利,人体必须借助紫外线,才能制造出正常骨骼结构中所需要的维生素 D。

人类祖先到了亚洲温带地区后,阳光不像在非洲那么强烈,日照量也减少,缺乏维生素 D 就成了影响生命的严重问题。为了适应新的生存环境,皮肤颜色愈来愈浅,变成了黄色。另一支人类祖先,到了欧洲的高加索地区,那里不仅阳光不足,而且雾气很大,日照量大大减少。于是,为了生存和进化,皮肤色素进一步减少,甚至连头发也变成浅色,以便让足够量的紫外线进入人体,以满足制造维生素D 的需要。于是出现了白色的皮肤。

经过长久演化,一直待在非洲的人类一支成了黑种人;进入亚洲的一支,成了黄种人;进入欧洲的一支,则成了白种人。

从历史上看,白种人演化出来的时间晚一些,所以返祖现象比黄种人要多,这就是为什么白种人身上体毛较重,眉骨高突的原因。白种人更接近人类祖先的特征。白种人在文化上发展也较晚,当北非、亚洲和美洲的古代文明已经发展到相当程度时,整个欧洲还处在愚昧状态。至少到目前为止,在欧洲发现的最早人类化石,是 70 万年前,而在亚洲，却发现了 180 万年以前，甚至更早的人类化石。

随着历史的发展，欧洲人后来居上，诞生了很多伟大的科学家，例如伽利略、牛顿、达尔文和爱因斯坦，创造出更加伟大的现代文明。欧洲人试图证明他们生下来就比别人优越，然而无论在智商上，还是从基因中，都找不出任何可证明白种人比其他人种优越的证据。人的智力与皮肤的颜色，没有任何直接联系。

世界的语言

语言是人类进行沟通交流的表达方式，是一种人与人之间交流的工具，是文化的重要载体。目前，全球统计的语言有 7100 多种，其中汉语、英语、西班牙语、俄语、阿拉伯语和法语是联合国的六大工作语言。从语言的分布来看，英语是全球使用最广泛的语言，被 175 个国家和地区采用为官方语言，并且是许多国际组织和英联邦国家的工作语言。汉语是世界上使用人数最多的语言。主要分布在中国和东南亚地区。

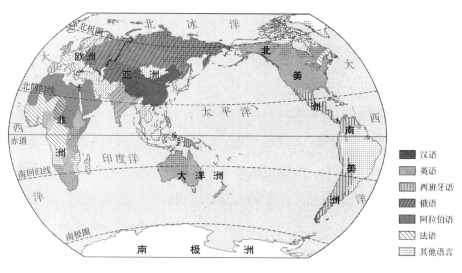

世界主要语言分布

人类语言如何产生

要了解人类的历史，首先要弄清人类在什么时候、通过什么方式获得语言的能力。

人类历史学家指出，口语的进化是人类史前时期进化的一个转折点。人类有了语言，就能在自然界中创造出新的世界。

1990年，美国语言学家德里克·比克顿出版的《语言和物种》中说："只有语言能够冲破锁住一切其他生物的直接经验的牢笼，把我们解放出来，获得无限的空间和时间的自由。"

人类学家肯定两个与语言有关的问题：直接的和间接的。首先，语言区分智人和其他生物，其次，智人脑量是非洲猿的3倍。

语言是如何产生的呢？

大体说来，关于语言进化之源有两种观点，第一种观点认为，语言是随着人脑的增大而产生的一种能力，是人的独特的特性；第二种观点认为，语言是随着人类的进化而逐渐产生的，是自然选择而进化的。美国麻省理工学院语言学家诺姆·乔姆斯基支持第一种观点，并在同行中有巨大影响。他认为，我们无须指望自然选择作为语言的根源，语言的出现是历史的一个偶然事件。他说，我们目前还不清楚，在人类进化时期的特殊条件下，10亿个神经细胞被放在一个篮球大小的物体中的时候，自然规律是如何起作用的。另一位麻省理工学院语言学家史蒂芬·平克反对这种观点。他宣称，乔姆斯基"把这个问题的顺序弄颠倒了"。脑容量的增加可能是语言进化的结果，而不是相反。他认为，使得语言产生的是脑的微电路的精确接线。不是脑容量的大小、形状或神经元的"组装"。平克支持第二种观点，语言是通过自然选择"进化"的。

大多数语言学家认为，在200万年前随着人类的起源，人脑开始逐渐增大，到50万年前，直立人的平均脑容量是1100毫升，接近现代人的平均值。现代人脑的左边和右边大小不同，大多数人的左脑大于右脑。人们发现左脑与语言有关。90%的人为什么习惯用右手呢？也与左脑有关。多数人类学家认为，人类语言出现的时间约为25万—20万年之间。语言经过数万年，甚至数十万年似有还无的阶段出现的。许多研究成果表明，大约在25万年前，非洲出现了具备语言能力的现代人。渐渐地，人类发展新的技术，开始在新的环境中生活，大约10万年前，人类开始走出非洲。大约3万年前，人类占据了冰川期的俄罗斯和西伯利亚。1.3万年前占据了美洲。随着人类的扩张，逐渐对地球生物圈产生巨大影响：用火改变自然面貌，大量捕猎使大型动物灭绝。冰川期结束时（冰川期始于10万年前，持续到大约1.8万年前，气候逐渐变得温暖湿润），人类占据了除太平洋诸岛以外世界上所有可能居住的地方。现代语言造就了现代人，人类历史进入新天地。

世界的民族

目前全世界有2000多个民族，这些民族分布在200多个国家和地区中。亚洲是民族数量最多的一个洲，其民族总数在1000个以上，约占世界民族总数的一半。尼日利亚是世界上民族最多的国家，拥有超过250个大小民族，占世界民族总数的八分之一。

中国共有56个民族，其中汉族是中国也是世界上人口最多的民族，其人口数量已经突破了12.8亿。中国民族分布的特点主要表现为"大杂居、小聚居、交错居住"，反映了中国多民族国家的复杂性和多样性，同时也体现了各民族之间的和谐共处和文化交流。云南省是中国民族数量最多的省级行政区，拥有 25 个民族。

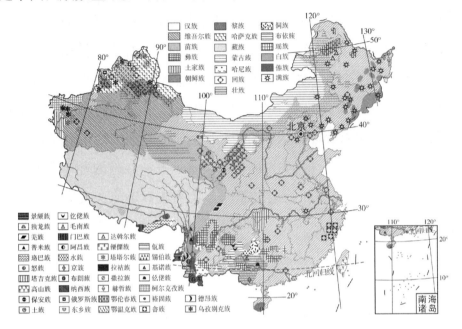

中国主要民族分布

世界的宗教

当今世界主要的宗教有基督教（包括天主教、新教、东正教）、伊斯兰教（包括逊尼派、什叶派）、印度教、犹太教、佛教、道教和神道教等。根据不同的数据来源，基督教是世界上信仰人数最多的宗教，其信徒人数约为 22.2 亿，其次是伊斯兰教，信徒人数约为 18.4 亿。无宗教信仰的人口也相当可观，达到 11.4 亿。

各个宗教的分布和影响：基督教在欧美的一些国家被列为国教，而伊斯兰教在中东地区是文化的核心。印度教主要分布在印度等南亚国家，犹太教则主要集中在以色列和世界各地的犹太社区中。佛教虽然起源于印度，但现在在全球范围内都有广泛的信徒，尤其是在亚洲的一些国家。道教和神道教主要在中国及日本等地流行。

值得注意的是，全球有宗教信仰的人口比例近年来整体处于缓慢下降的趋势，但宗教多样性仍然是一个重要的社会现象。例如，基督教内部就存在着天主教、新教和东正教等不同的分支。

此外，宗教与文化之间存在着密切的关系，不同地区的宗教信仰对当地的文化发展有着深远的影响。世界的宗教体系复杂多样，各大宗教在全球范围内都有广泛的影响力和信徒基础。同时，宗教多样性不仅是人类文化多样性的重要组成部分，也是促进世界和平与和谐的重要因素。

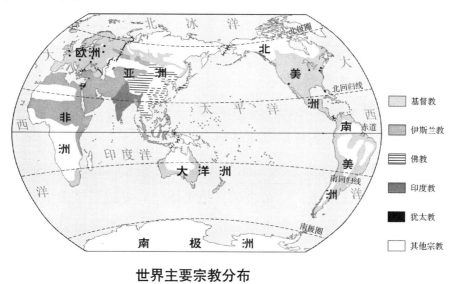

世界主要宗教分布

世纪大争论：外星人是否存在

自古以来，人类就对宇宙充满了好奇，其中一个永恒的问题就是：我们是否是宇宙中唯一的智慧生命？这个问题引发了无数的科学探索和哲学思考。

宇宙浩瀚无边，据估计，仅在我们的银河系中就有大约 2000 亿颗恒星，而整个宇宙中可能存在超过 2 万亿个星系。在这样的天文数字面前，许多人认为外星生命的存在几乎是必然的。

在 19 世纪末，人类通过天文望远镜，发现火星上有很多沟壑，认为是运河，说明火星上有文明，科幻作家立即写火星上有火星人。

新闻媒体经常提到 UFO（不明飞行物）。据统计，从 1905 年第一次发现 UFO 到现在，全世界已经有 10 万起关于 UFO 的报道。但经分析，其中 70% 多是飞机，其余是气球、天空碎片等。如在 1997 年，俄罗斯一个工程师设计了飞碟，没有机场也能起降，在天上飞的时候，人们有可能认为就是 UFO。

20 世纪 60 年代，天文学家法兰克·德雷克（Frank Drake）提出了著名的"德雷克方程"，旨在估算银河系内可能与我们进行通讯的高智文明的数量。美国还通过搜寻地外文明计划（Search for Extraterrestrial Intelligence，简称 SETI），使用射电望远镜分析宇宙中的电磁波，寻找可能的外星文明信号。

很多科学家通过实验和观测数据推测外星文明的存在。如哈佛大学天体物理学家阿维·勒布表示，他可能已经发现了宇宙中存在外星生命的证据；英国科学家也声称从地球大气层中发现了外星生命的存在；此外，科学家霍金和中国中科院院士武向平等人坚信外星文明的存在，并提出了自己的看法和理由。但他们的观点同样缺乏直接的、可验证的科学证据支持。

尽管到目前为止，人类还没有发现确凿的外星生命存在的证据，但这并没有阻止科学家和爱好者对外星生命的持续探索。随着技术的进步和对宇宙更深入的了解，人类对外星生命的探索将继续进行。

第五篇

地球环境

人类与地球环境的关系

人类与地球环境的关系是复杂且相互影响的。地球环境为人类提供了生存和发展的基础，没有空气、水、土壤和适宜的气候，人类将无法生存。同时，人类作为地球环境不可分割的一部分，又深刻地影响和改变着地球环境。

地球环境是指地球表面的各种自然和生物因素的总和，这些因素相互作用，共同构成了地球上的生命支持系统。它包括大气、水体、土壤、生物群落以及它们之间的相互作用。

大气环境——大气层是地球的外衣，它保护生物免受紫外线和宇宙射线的伤害，同时也是天气和气候发生的地方。大气中的温室气体如二氧化碳、甲烷等对地球的气候有着重要影响，它们能够吸收和发射红外辐射，影响地球的能量平衡。

水体环境——地球上约71%的表面被水覆盖，包括海洋、湖泊、河流和地下水。水资源对于所有生命形式的生存至关重要。水质的状况直接影响到生态系统的健康和人类的健康。

土壤环境——土壤是植物生长的基础，它由矿物质、有机质、水和空气组成。土壤的质量和肥力对于农业生产、生态系统的健康和生物多样性的维持至关重要。

生物群落——地球上的生物构成了多样化的生态系统。从热带雨林到寒带冻土，不同的生物群落适应了各自独特的环境条件。生物多样性对于维持生态系统的稳定性和抵抗力至关重要。

从历史和现代视角来看，人类与地球环境的关系经历了从崇拜、改造、征服自然到谋求协调发展的转变。这一过程中，人类活动对全球环境造成了深刻影响，这些影响既包括积极的一面，也包括消极的一面。为了实现可持续发展，人类需要更加重视与地球环境的和谐共处，探索发展与环境保护之间的平衡点。

环境问题的产生与危害

环境问题的产生主要有两大类原因：自然因素和人为因素。自然因素包括自然灾害（如火山活动、地震、风暴、海啸等）、环境中元素自然分布不均引起的地方病及自然界中放射物质产生的放射病等。而人为因素则主要源于人类的生产和生活活动，如工业废物排放、生活垃圾处理、农业化学品使用等，这些活动产生的污染物超过环境容量的极限，从而导致环境受到污染和破坏。

环境问题的危害是多方面的，对人体健康的影响尤为显著。大气污染物可导致呼吸系统受损、生理机能障碍、消化系统紊乱、神经系统异常、智力下降、致癌、致残等问题。环境污染还与癌症的发生有密切关系，被视为导致癌症的一个重要因素。对植物而言，大气污染物如二氧化硫和氟化物会导致植物叶表面产生伤斑，甚至枯萎脱落，影响植物的生理机能和产量品质。

大气污染　　　　　　　水体污染　　　　　固体废弃物污染

环境问题还显著影响天气和气候。例如，大气污染物能减少到达地面的太阳辐射量，增加大气降水量，引发酸雨，增高大气温度，以及对全球气候产生影响，如温室效应导致的全球变暖。全球变暖会使全球降水量重新分配，冰川和冻土消融，海平面上升，危害自然生态系统的平衡和人类的食物供应。

此外，环境问题还导致生态系统退化，人与自然矛盾突出。生物多样性遭受破坏，珊瑚礁大量消失，森林大面积退化，超过3万个物种存在灭绝风险；塑料污染也成为全球性问题，影响生态系统和人类健康。

人类面临的主要环境问题

人类文明的快速发展伴随着对自然环境的深刻改变和利用，这种变化在带来经济和技术进步的同时，也引发了一系列环境问题。主要包括全球气候变暖、臭氧层耗损与破坏、酸雨蔓延、生物多样性丧失、森林锐减、土地荒漠化、大气污染、水污染、海洋污染和危险性废物越境转移等。

酸雨   赤潮

根据联合国发布的环境报告，目前世界1/4的疾病负担源于与环境相关的风险，包括类似于新冠肺炎这样的疾病，以及暴露在人类自己产生的有毒废物中而导致的疾病，污染每年导致约900万人过早死亡。《2024年全球资源展望》报告显示，地球正面临气候变化、生物多样性丧失和污染废物三重危机。这些环境问题不仅对自然生态系统构成威胁，也严重影响人类的健康和生存环境。

全球气候变暖——根据联合国政府间气候变化专门委员会（IPCC）发布的报告《气候变化2021：自然科学基础》，1970年以来的50年是过去2000年以来最暖的50年，1901年至2018年全球平均海平面上升了0.20米，上升速度比过去3000年中任何一个世纪都快，2019年全球二氧化碳浓度达410ppm，高于200万年以来的任何时候。2011年至2020年全球地表温度比工业革命时期（因1850年之前的观测有限，因此采用的是1850年至1900年的平均值）上升了1.09℃，其中约1.07℃的增温是人类活动造成的。20世纪70年代以来热浪、强降水、干旱和台风等极端事件频发且将继续。全球变暖对整个气候系统的影响是过去几个世纪甚至几千年来前所未有的。未来20年，和工业革命时期相比，全球温升将达到或超过1.5℃。如果未来几十年，能在全球范围内大幅减排二氧化碳和其他温室气体，温升将在21世纪内低于2℃。只有采取强有力的减排措施，在2050年前后实现二氧化碳净零排放的情景下，温升有可能低于1.6℃、且在21世纪末降低到1.5℃以内。过去和未来温室气体排放造成的许多气候系统变化，特别是海洋、冰盖和全球海平面发生的变化，在世纪到千年尺度上是不可逆的。全球许多区域出现极端事件并发的概率将增加。高温热浪和干旱并发，以风暴潮、海洋巨浪和潮汐洪水为主要特征的极端海平面事件，叠加强降水造成的复合型洪涝事件加剧。到2100年，一半以上的沿海地区所遭遇的百年一遇极端海平面事件将会每年都发生，叠加极端降水，将使洪水更为频繁。特别是不排除发生类似南极冰盖崩塌、海洋环流突变、森林枯死等气候系统临界要素的"引爆"，一旦发生将对地球生存环境带来重大灾难。

臭氧层耗损与破坏——臭氧层的减薄会增加紫外线辐射对地球

表面的影响，增加皮肤癌、眼部疾病和植物光合作用的损害。

酸雨蔓延——酸雨是由大气中的硫氧化物和氮氧化物等污染物与降水反应形成的酸性雨水，会腐蚀建筑物和汽车，破坏植被和土壤结构。

生物多样性丧失——受栖息地破坏、污染、过度捕捞和狩猎等因素影响，许多物种的灭绝速度加快。这不仅影响全球生态系统的健康，也威胁到人类的食物安全和医药资源。根据《自然》杂志发表的一项荟萃分析，生物多样性丧失是增加疫情暴发风险的最大因素。

污染废物——主要包括大气污染、水污染和固体废物的污染等。大气污染主要由工业排放、汽车尾气等造成，影响空气质量并对人体健康产生负面影响。水污染是指有害物质进入水体，导致水质恶化，严重威胁到生物的生存和人类的饮用水安全。固体废物包括在生产和加工过程中产生的各种废渣、污泥和粉尘等。此外，城市生活垃圾也是一个重要来源。

影响人类的主要自然灾害

自然灾害是由自然现象引起的、对人类生存和生活环境造成危害或损害的现象，包括气象灾害、地质灾害、海洋灾害以及由气候变化引起的极端天气，如洪涝、干旱、地震、海啸、台风（飓风）、火山爆发、龙卷风、滑坡和泥石流、冰冻等。这些灾害不仅对人类的生存环境构成威胁，还可能导致经济损失和社会动荡。

洪涝和干旱

洪涝主要由大雨、暴雨或持续降雨引起，导致低洼地区淹没或渍水。这种现象不仅影响农作物的生长，造成农作物减产或绝收，而且可能会冲毁房屋、道路和桥梁，甚至可能会危及人的生命财产安全，影响国家的长治久安。

洪水淹没村庄　　　　　　　　干旱导致的土地龟裂

干旱主要表现为降水量长期低于正常水平，导致土壤水分不足和作物水分平衡受损，从而影响农业生产，引起饥荒和水资源短缺等问题。

地 震

地震是由于地球内部岩石突然断裂所产生的震动，是一种自然现象。它们可以由多种原因引起，包括地壳板块之间的相互作用、岩浆活动或地壳的快速变动等。

地震强烈的震动可导致房屋、桥梁、水坝等建筑物和构筑物倒塌，造成人员伤亡和经济损失。海底地震可能引起海啸，巨大的海浪冲上海岸，对沿海地区造成严重破坏。

地震造成的严重破坏

地震还可能引发次生灾害，如火灾、水灾、滑坡、泥石流等，这些灾害有时甚至比地震本身的破坏性还要大。地震可能导致交通、通信中断，社会秩序混乱，经济活动受损，需要长时间的恢复和重建。

中国地震历史的记载可以追溯到非常早期。较早的地震记录出现在《竹书纪年》中，这是一部春秋时期晋国史官和战国时期魏国史官所作的编年体通史，记载了夏、商、西周以及春秋、战国时期的地震。此外，《左传》和《国语》等古籍也提到了公元前7世纪的地震事件。宋元以来盛行地方志书，地震记载资料增加，内容也更详细、具体。北宋太平兴国二年（977）李昉编《太平御览》（咎征部）自周至隋（前11世纪至618年）共录地震45条。13世纪马端临选编《文献通考》中的《物异考》，搜索到公元前11世纪至公元13世纪的地震资料共268条。1725年出版的蒋建钧等编《古今图书集成》的《地异部》，记载了公元前11世纪至1722年的地震、滑坡和地裂事件654条。中华人民共和国成立后，在中国科学院地震工作委员会统一领导下，查阅了8000多种历史文献，搜集了880余次破坏性地震资料，于1956年编辑出版了两卷《中国地震资料年表》，全书近200万字。1966年邢台地震，特别是1976年7月唐山大地震发生后，在《年表》基础上，编辑出《中国地震历史资料汇编》，自1983年起陆续出版。

历史上破坏力较大的四次地震

近东和地中海地震——1201年7月，在近东和地中海东部地区发生大地震，波及该地区所有城市，遭受严重破坏，估计死亡人数超过100万人。

陕西华县大地震——1556年1月23日，陕西华县发生8级地震，地震极震区烈度为12度，重灾区面积达28万平方千米，波及山西、河南、甘肃等11个省130余个县，远及大半个中国。据《明史·五行志》记载："压死官吏军民奏报有名者83万有奇，其不知名未经奏报者复不可数计。"

里斯本地震——1755年11月1日，葡萄牙里斯本发生8级以上地震。震源在离里斯本几十千米的大西洋海底。里斯本破坏极其严重，约7万人死亡。1969年2月28日，在这个海域附近又发生一次8级大地震。

印尼喀拉喀托火山地震——1833年8月27日，在印尼爪哇岛与苏门答腊之间的巽他海峡，发生一次大地震（震级不详），死亡3.6万人。地震产生的火山灰进入80千米高空的平流层，环绕全球，一年后仍留在空中。火山喷发时震动海底，引起巨大海啸，高达22米的巨浪袭击了巽他海峡北侧，将停泊在岸边的军舰抛起9米高。

20世纪以来中外著名大地震

1906年旧金山地震：1906年4月18日，美国旧金山发生8.3级地震，死亡6000人，数百人失踪，数千人受伤。全城大火蔓延，500多个街区被烧毁。地震发生后，秩序混乱，有34人被打死，7.8万人逃离。

1908年意大利墨西拿大地震：1908年12月28日，意大利西西里岛的墨西拿市发生7.5级地震，死亡11万人。这次地震洗劫了墨西拿海峡两岸的城市，海峡峭壁坍塌入海，城市在瞬间被夷为平地。

1920年中国宁夏海原地震：1920年12月16日，中国宁夏回族自治区南部海原县一带发生8.5级地震，震中烈度12度，震源深度17千米。据不完全统计，死亡28.8万人。毁城4座，数十个县城遭受破坏。

1923 年日本关东大地震：1923 年 9 月 1 日，日本关东地区发生 7.9 级强烈地震，死亡 14.3 万人。震中位于日本东京附近的相模湾，东京和日本最大港口横滨几乎完全被破坏。地震发生后，又逢大风，风助火势，使城市陷入一片火海。震后 100 多万人无家可归。日本全国财富 5% 化为灰烬。

1927 年中国甘肃古浪地震：1927 年 5 月 23 日，中国甘肃古浪发生 8.0 级地震，波及甘肃、青海、陕西等地，古浪县城受到严重破坏，死亡 4 万余人。

1932 年中国甘肃昌马地震：1932 年 12 月 25 日，在中国甘肃、青海交界的祁连山发生 7.6 级地震，地震造成酒泉等县严重破坏，金塔城墙四周倒塌 100 多米。东南乡昌马房屋 90% 倒塌，死亡 400 余人。高台县倒房 11600 间，死亡 270 人，伤 300 人。

1933 年中国四川叠溪地震：1933 年 8 月 25 日，中国茂汶县叠溪发生 7.5 级地震，2 万多人死亡。那天炎热异常，突然霹雳一声，天翻地覆，震耳欲聋。地震造成的山崩，使岷江三处堵塞，成为三大"地震湖"（堰塞湖），使岷江断流 43 天，江水逆流 20 多千米。

1934 年印尼苏拉威西岛地震：1934 年 6 月 29 日，印尼苏拉威西岛东发生 6.9 级地震，震源深度超过 720 千米，被称为世界上震源最深的一次地震。深源地震常发生在太平洋深海沟附近。在马里亚纳海沟、日本海沟附近，都发生过五六百千米深的深源地震。

1939 年土耳其地震：1939 年 12 月，土耳其东部城市埃尔津詹发生里氏 8.0 级地震，造成约 3.67 万人死亡。几十个城镇和 80 多个村庄被彻底毁灭。地震后，暴风雪又袭击主震区，加剧了灾情。

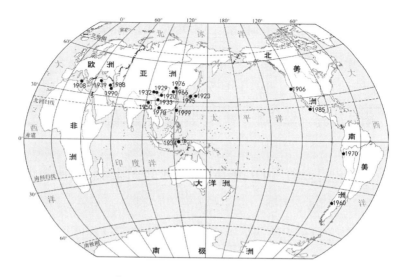

20 世纪世界著名大地震震中分布图

　　1950 年中国西藏察隅地震：1950 年 8 月 15 日，中国西藏察隅县发生震级为 8.5 级地震，震中烈度 12 度，死亡近 4000 人。喜马拉雅山几十万平方千米大地面目全非，雅鲁藏布江被截成 4 段。

　　1960 年智利大地震：1960 年 5 月 21 日，智利发生 8.5 级地震（后修订为 9.5 级）。地震造成 2 万人死亡或失踪，并在瑞尼赫湖区引发山体滑坡，致使湖水淹没了瓦尔迪维亚城，100 万人无家可归。从 5 月至 6 月，智利接连发生 3 次 8 级地震。6 座死火山重新喷发，又出现了 3 座新火山。地震造成大海啸，越过太平洋，毁掉日本海岸 15 个村庄。

　　1966 年中国河北邢台地震：1966 年 3 月 8 日，中国河北省邢台专区隆尧县发生 6.8 级地震，震中烈度 9 度；接着于 3 月 22 日 16 时 19 分，邢台专区宁晋县发生 7.2 级地震，震中烈度 10 度。两次地震共死亡 8064 人，伤 38000 人。地震发生后，周恩来总理于 3 月 9 日、10 日、4 月 1 日先后 3 次亲临地震灾区视察，慰问受灾群众。

　　1970 年中国云南通海地震：1970 年 1 月 5 日 1 时 0 分，云南省通海县发生 7.7 级地震，震中烈度 10 度，震源深度 10 千米，死亡

15621 人，伤残 32431 人。震前，豕突犬吠，雀啼鱼惊，墙缝喷水，骡马伤人。震后，村寨房屋尽毁，地面或裂或陷。

1970 年秘鲁地震：1970 年 5 月 31 日，秘鲁最大的渔港钦博特市发生 7.7 级地震，造成 6.7 万人死亡，10 多万人受伤，100 万人无家可归。

1976 年唐山地震：1976 年 7 月 28 日，中国河北省唐山市发生 7.8 级大地震，死亡 24.2 万人，重伤 16 万人。

1988 年亚美尼亚地震：1988 年 12 月 7 日 11 时 41 分，当时的苏联亚美尼亚共和国发生 6.9 级地震，震中在亚美尼亚第二大城市列宁纳坎附近，烈度为 10 度，80% 建筑物被毁，2.4 万人死亡，1.9 万人伤残。

1990 年伊朗地震：1990 年 6 月 21 日，伊朗西北部地区发生里氏 7.7 级强烈地震，造成约 5 万人死亡。

1995 年日本神户地震：1995 年 1 月 17 日，日本神户市发生 7.2 级地震。

1999 年中国台湾大地震：1999 年 9 月 21 日，中国台湾发生 7.6 级地震，震源深度 8 千米。这是 20 世纪末台湾最大地震。震中位于台中县、南投县。地表造成 105 千米断裂带。全岛均感到强烈摇晃，持续 102 秒。地震死亡（失踪）人数 2378 人，其中，台中县 1138 人，南投县 928 人。房屋全倒 40845 栋，半倒 41373 栋。截至 2000 年 6 月 11 日，"9·21"地震余震达 13500 次。

2008 年 5 月 12 日 14 时 28 分 04 秒，中国四川省阿坝藏族羌族自治州汶川县境内发生 8 级大地震，矩震级 8.3m（美国地调局 7.9m），破坏区域超过 10 万平方千米，地震烈度 11 度。震波波及北至北京，东至上海，南至香港、台湾的大半个中国，以及泰国、越南、巴基斯坦等国家和地区。汶川大地震是一次严重的自然灾害，造成了巨大的人员伤亡和经济损失，遇难人数超过69227人，失踪人数达到17923人，直接经济损失高达8451亿元人民币。

2010年2月27日凌晨3时34分（北京时间14时34分），智利发生8.8级地震，震中位于智利首都圣地亚哥西南320千米的马乌莱附近海域，震源深度约60千米。这次地震是智利1960年地震后50年来最严重的一次，当天遇难人数达214人。

地震预报，一个世界性科学难题

地震伴随世界历史发展的全过程，但是准确预报地震发生的时间、地点和强度，又是一个世界性科学难题。

中国对地震的研究，早于西方世界。东汉时期著名科学家张衡（78—139），今河南省南阳市石桥镇人，自幼勤奋好学，多才多艺，在机械制造、文学、艺术等方面均有造诣。他通过观测认识到宇宙的无限性，提出"宇之表无极，宙之端无穷"，指出"月光生于日之所照……就日之冲，光常不合者，蔽于地也"，说明了月光乃日光所照以及月食的原因。在制造工艺上，他发明了世界上第一架可测量地震方位的仪器——候风地动仪，比西方同类仪器早1700多年。地动仪圆周八尺，在仪器外围倒卧着8条小龙，每条龙口衔有小铜球一枚，与龙口对应的是8只铜蟾蜍，蟾蜍嘴向上，当地震发生时接住龙口掉下来的铜球，并发出声响，用以报警。候风地动仪灵敏度高，最低可测地震烈度为3度的地震。

人们常说"上天容易入地难"，观测地下比观测太空要难得多。要探测到地震的发生，必须了解地表以下十几千米甚至几十千米深部的奥秘，恰恰是这十几千米最有可能成为"地下杀手"。目前人类对地下探测到达的最远距离是 12261 米。那是 20 世纪 70 年代苏联人实施的超深钻探工程所创造的。

20 世纪 60 年代以来，地震中、长期预测取得一些进展。在长期预测方面，美国地震学家运用"地震空区"方法，成功预报了 1989 年 10 月 18 日美国加州 6.9 级地震；中国成功地预报了 1975 年 2 月 4 日发生在辽宁海城的 7.3 级地震；日本地震学家预报了 1978 年墨西哥 7.7 级地震；俄罗斯对 2003 年 9 月 25 日日本北海道 8.1 级大地震和 2003 年 12 月 22 日美国加州 6.5 级地震都有相对准确的预报。

但是，"到目前为止，地震预报还是一个世界性难题"。中国地质力学研究所研究员邓乃恭说，地震预报必须同时包括时间、地点和强度。现在全球预报地震的准确率为 20%。

目前，任何一种预报方法都不够完善。中国地震局地球物理研究所研究员张天中说，全世界都在努力研究地震预测，探索有效途径，但就现在来说，不管在国内还是国际上，很难准确地预报地震。日本目前有针对东海地区的地震预报系统，通过监控安置在海底 400 台以上的地震仪，用高性能电脑分析岩石的变化来预测。但日本方面表示，要完善这套系统，至少还需要 15—20 年。

未来地震发展趋势

全球主要有三大地震带，即环太平洋火山地震带、地中海 – 喜马拉雅地震带和大西洋海岭地震带。前两条地震带地震释放的能量约占全球地震总能量的 95%。

环太平洋火山地震带的东岸由阿留申群岛经阿拉斯加、加利福尼亚湾、墨西哥 – 中美诸国，直至南美洲智利；西岸包括堪察加半岛、千岛群岛、日本、菲律宾、西太平洋诸岛，直至新西兰，全长约

35000 千米。这条地震带所释放的能量约占全球地震总能量的 80%。

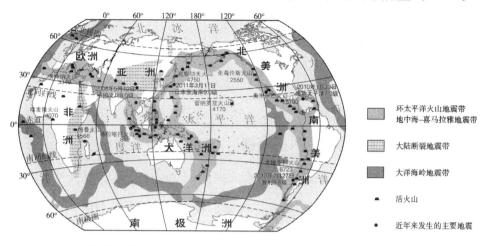

世界地震和火山带分布示意图

地中海－喜马拉雅地震带，西起大西洋东岸亚速尔群岛，与大西洋海岭相连；东端止于缅甸；南与印度尼西亚和环太平洋地震带相接，横跨亚、欧、非三大洲，全长约 2 万千米。这条地震带释放的能量占全球地震总能量的 15%。

海 啸

海啸是一种具有强大破坏力的海浪。地震、海底火山爆发或海底塌陷、滑坡均可能引起海啸。其中海底地震引起的海啸称为地震海啸。地震时海底地层发生断裂，部分地层发生猛烈上升或下沉，造成从海底到海面的整个水层剧烈"抖动"。

海啸形成后，大约以每小时数百千米速度向四周海域传播。一旦进入大陆架，由于海底深度急剧变浅，使海浪高度骤然增加，产生的巨浪可以高达数十米，当它们冲上海岸时，可以迅速淹没沿海地区，摧毁港口、道路、桥梁等重要基础设施，对沿海城镇和村庄造成毁灭性破坏，导致大规模的人员伤亡和财产损失。此外，海啸还能对沿海生态系统造成破坏，影响渔业资源和生物多样性，甚至可能会触发其他类型的灾害，如山体滑坡、火灾等。

海啸的破坏力极大，因此对海啸的预防、预警和应对措施至关重要。2015年12月22日，联合国大会全票通过一项决议，将每年11月5日定为"世界海啸日"，以提高各国对海啸的防范意识。

历史上对人类影响巨大的海啸

印度尼西亚大海啸——在2004年12月26日，强达里氏9.1—9.3级大地震袭击了印尼苏门答腊岛海岸，持续时间长达10分钟。此次地震引发的海啸甚至危及远在索马里的海岸居民。仅印尼就16.6万人死亡，斯里兰卡3.5万人死亡。印度、印尼、斯里兰卡、缅甸、泰国、马尔代夫和东非有200多万人无家可归。这次过程共有22.6万人死亡，在地震死亡人数中排名第四，在海啸死亡人数中排名第一。

2004年印度尼西亚大海啸后的场景

日本海啸——日本是全球发生地震海啸并且受害最深的国家。2011年3月11日，日本本州岛东北地方外海发生9.0级地震，震源深度20千米，海啸最大波高37.9米，位于岩手县宫古市的田老地区。目前官方确认地震造成至少13965人死亡、13677人失踪、伤者4938人，遭受破坏的房屋296538栋。海啸还造成福岛县核电厂氢气爆炸，核物质外泄。

　　　　　　　　　　　　　　　　　　地球与人类

里斯本海啸——里斯本海啸发生于 1755 年 11 月 1 日早上 9 时 40 分,是由大西洋海底的 10 级地震所引发,是欧洲历史上最大的地震,死亡人数高达 10 万人。地震引发的海啸和火灾几乎将整个里斯本付之一炬,整个葡萄牙的国力也因此衰落。

台风和飓风

台风和飓风都是产生于热带洋面上一种强烈的热带气旋,但它们发生地点不同,叫法不同。在北太平洋西部、国际日期变更线以西的热带气旋称为台风,东部的热带气旋称为飓风。

在夏季,因为太阳直射区域由赤道向北移,使南半球的东南信风越过赤道转向成西南季风,侵入北半球和东北信风相遇,迫挤空气上升,增加对流作用。这种西南、东北季风相遇所造成的辐合作用,使四周空气加快向旋涡中心流动,流入愈快,风速愈大,当达到或超过 17.2 米 / 秒时,将成为台风。

台风发源地分布在西北太平洋海面上。在经度和纬度方面,存在着相对集中的 4 个海区:南海中北部海面,菲律宾群岛以东和琉球群岛附近海面,马里亚纳海沟附近海面,马绍尔群岛附近海面。

台风分为热带低压、热带风暴、强热带风暴、台风、强台风和超强台风。

热带低压——底层中心附近最大平均风速 10.8—17.1 米 / 秒,风力为 6—7 级。

热带风暴——底层中心附近最大平均风速 17.2—24.4 米 / 秒,风力 8—9 级。

强热带风暴——最大平均风速 24.5—32.6 米 / 秒,风力 10—11 级。

台风——最大平均风速 32.7—41.4 米 / 秒,风力 12—13 级。

强台风——最大平均风速 41.5—50.9 米 / 秒，风力 14—15 级。

超强台风——最大平均风速 ≥ 51.0 米 / 秒，风力 16 级以上。

台风的命名

台风命名始于 20 世纪初。首先给台风命名的是澳大利亚一个预报员，他把热带气旋取名为人们不喜欢的政治人物。国际上 1945 年以人名为台风命名，只用女人的名字。1979 年起，用一男一女名字交替使用。

1997 年 11 月，世界气象组织在中国香港召开台风委员会决定，采用亚洲风格的名字命名。从 2000 年 1 月 1 日起，先制定一个命名表，按顺序年复一年循环使用。命名表由 14 个国家和地区各提供 10 个名字，共计 140 个台风名称。分 10 组，每组 14 个名称，按成员的英文名称字母顺序依次排列。命名表大都使用动物、植物、食品等名称。中国提供的名称有玉兔、悟空、杜鹃、海葵、海燕、海神等。

历史上影响人类的重大台风（飓风）事件

1966 年 1 月 7 日至 8 日，热带旋风"丹尼斯"发生最大降雨，在 12 小时内降水量 1144 毫米。

1970 年，孟加拉湾发生强台风，导致 50 万人死亡，成为历史上台风死亡人数最多的一次。

1979 年 10 月 12 日，太平洋西北部产生超强台风"提普"，中心持续风力高达 85 米 / 秒。

1991 年 11 月 10 日，发生在菲律宾中部的强台风，引发山洪暴发，山体滑坡，5300 多人遇难，2000 多人失踪，几十万间民房被毁，受灾人口近百万。

1992 年，飓风"安德鲁"袭击巴哈马群岛和美国佛罗里达州，损失 265 亿美元，成为历史上损失最大的一个飓风。

2003 年 9 月 2 日晚近 8 时，强台风"杜鹃"在广东惠东县港口登陆，登陆时中心附近最大风力 12 级。造成极大破坏，大树、水泥电杆被刮倒。

2006 年 7 月 14 日，强热带风暴"碧利斯"在福建北部沿海登陆。这个台风特别"怪异"：形状怪异，多中心，没有统一的台风中心；路径怪异，移动速度忽快忽慢。风力不是特别强，但降水量大，在某些地区降水量超过 250 毫米。7 月 14—18 日，"碧利斯"台风袭击福建、浙江、湖南、广东、广西等省区，导致大雨或特大暴雨。湖南郴州遭遇 500 年一遇特大暴雨。"碧利斯"造成上述省区 2481 万人受灾，517 人遇难，183 人失踪。

2006 年 8 月 10 日晚，超强台风"桑美"在浙江沿海登陆时，中心附近风力 60 米/秒，17 级。至 8 月 10 日 16 时，浙江转移居民 99 万人，避风船只 3.4 万艘。福建转移居民 56.9 万人，进入一级气象应急响应。

2008 年 5 月 3 日至 6 日，强热带风暴"纳尔吉斯"袭击缅甸，强度虽小于台风，但危害极大，至 5 月 6 日，已造成 2.2 万人死亡，4.1 万人失踪，是有记录以来造成死亡人数最多的风暴。风暴使整个国家满目疮痍。有目击者称，位于海岸线附近的 16 个村庄，在风暴过后几乎完全消失。估计多达 100 万人无家可归。中国气象专家称，这次风暴起源于孟加拉湾，强度属正常，但路径异常，一般向北运动，但这次向东运动，使缅甸造成罕见的灾难。

2005 年 8 月 25 日，热带气旋"卡特里娜"首先袭击美国佛罗里达州，使 100 多万户家庭断电。29 日，在美国南部墨西哥湾登陆后，狂风暴雨导致新奥尔良防洪大堤两处决口，80% 市内房屋被淹，造成 5 个州 1800 人死亡，其中路易斯安那州死亡 1577 人。这是美国有史以来最为惨重的飓风灾难。

2006 年 4 月底，来自世界各国的 500 多位气象专家在美国气象学会第 27 届关于海啸及热带气象飓风袭击美国和加勒比海地区的大会上，全面分析了"卡特里娜"飓风的成因。大家表示，热带变暖趋势导致更多强烈的飓风。美国专家称，气候变化是导致大西洋飓风的直接原因，这不再是对未来的影响，而是真真切切地发生在眼前。全球升温就是气候变化的信号。科学界普遍认为，目前很多现象与温室气体有直接关联。专家们说，逐渐变暖的海水是加勒比海"孕育"飓风所不可或缺的条件，促成这些条件形成的主要原因是温室气体排放量的增加。美国海洋气象专家称，他们电脑监测出海水在升温。至今热带海水已经升高 0.5℃左右，到 22 世纪，水温升高将是现在的 3—4 倍。科学家们认为，20 世纪 40—50 年代，热带飓风的不规则性可以解释为自然波动；70—90 年代初，二氧化碳排放量的积累，改变了自然轨迹，对大气的影响表现为飓风在数量和强度上的变化。

2008 年 8 月 23 日，卫星云图显示，一个强烈飓风"古斯塔夫"在大西洋形成并逼近墨西哥湾。30 日，逼近古巴，上升为 3 级飓风，迫使 24 万人撤离。数小时后，升为 4 级飓风，中心附近风速 235 千米/小时，并袭击海地、多米尼加、牙买加等国。牙买加水库溢出，大批住宅受损，导致 5 人死亡或失踪。在海地和多米尼加发生山体滑坡，河水泛滥，夺去 67 人生命。美国总统宣布，新奥尔等几个州进入紧急状态，200 万人撤离，共和党代表大会被迫推迟。

火山爆发

火山爆发是地壳运动的一种表现形式，当地球内部的岩浆、气体和固体岩石碎片通过地壳表面的开口（火山口）释放出来时，就发生了火山爆发。火山爆发的产生通常与构造板块的运动、地热活动以及岩浆上升至地表有关。

火山爆发的危害程度取决于多种因素，包括喷发的强度、岩浆的黏度、喷发持续的时间、火山灰的分布以及火山所在地的人口密度和经济活动等。

火山喷发场景

历史上对人类影响极大的火山爆发

托巴火山大爆发：托巴火山大爆发是一次重大的地质事件，它发生在约74000年前，位于今天的印度尼西亚苏门答腊岛。这次喷发是近200万年以来地球上已知最大规模的火山喷发之一，对当时的全球气候和早期人类产生了深远的影响。自从地球上有生命以来，人类经历了至少5次大规模灭亡期，曾经占主导地位的物种遭到毁灭，让位于一种新的生命形式。最后一次大规模灭亡，发生在7万年前。2008年6月，《文汇报》发表的文章说，大约7万年前，人类出现一次人口危机，又称"人口瓶颈"，整个人类女性数量一度减少到只有500人。2万年后，人口数量才恢复到瓶颈前的水平。据考证，造成瓶颈的原因是：约75000年前一次火山大爆发。位于印尼苏门答腊岛上的托巴火山爆发后，产生一个10平方千米宽的大洞，腾起的烟雾升高到30千米，喷发的岩浆和火山灰甚至降落到了北极格陵兰岛。大约2800立方千米的熔岩被抛入大气层，这些熔岩足以修建100万个埃及金字塔。火山灰像毯子一样遮蔽了太阳，全球气温下降12℃；地球积雪增多，进一步反射太阳光芒，地面无法吸收热能，地球变得寒冷，导致冰川期开始，持续到大约1.8万年前才结束。研究此次灾难的英国伦敦大学教授比尔·麦圭尔称，那次托巴火山大爆发，使人类数量只剩几千人，作为一个物种，差点灭绝。

坦博拉火山爆发：1815年发生在印度尼西亚。这次喷发是近两个世纪以来记录的最大规模火山爆发，导致超过7万人死亡，并造成了全球气温的显著下降，1816年被称为"无夏之年"。

喀拉喀托火山爆发：1883年，同样发生在印度尼西亚。这次爆发产生了巨大的海啸，造成了约36400人死亡，并且火山灰和气体对全球气候产生了影响。

皮纳图博火山爆发：1991年发生在菲律宾。这次爆发对周边地区造成了严重的破坏，导致约800人死亡，10万人无家可归，并且对全球气候产生了短期的冷却效果。

黄石火山爆发：大约210万年前、130万年前和64万年前，美国黄石火山曾3次大爆发。它们的规模非常巨大，被分类为超级火山爆发。这些喷发对当时的全球气候产生了显著的长期影响。

多巴湖火山爆发：约7万年前，位于印尼苏门答腊岛。这次喷发是过去100万年间地球上重大的火山事件之一，对早期人类的种群造成了极大的影响。

维苏威火山爆发：公元79年，位于意大利。这次喷发摧毁了庞贝和赫库兰尼姆两座古城，造成了大量人员伤亡。

新的"超级火山"还会爆发吗

专家预计，下次有可能大爆发的火山是美国黄石国家公园。美国黄石国家公园被人们誉为"地球最美的表面"。公园位于美国北部怀俄明、蒙大拿、爱达荷三州交界处。1872年3月1日，被命名为"保护野生动物和自然资源"的国家公园。占地8956平方千米，平均海拔2438米。这里有茂密的森林、硫黄山、石英山、熔岩山，分布着大约1万处温泉和300多个间歇泉。这些间歇泉既美丽又可怕，泉眼深不见底。灼热的彩泥泉、泥泉、泥火山，充满各种颜色的泥浆，沸腾翻滚，发出巨响。这些地热奇观，是世界上最大的活火山存在的证据。黄石国家公园是一个巨大的活火山口，由宽20千米、深2900千米的巨大地下岩浆房形成，几乎深达距地心距离的一半。这个活火山在地质年代里曾经爆发过3次，最后一次爆发大约在64万年前。从火山口喷发的物质将这片近1万平方千米的区域全部覆盖，厚度至少有1500米，形成大片玄武岩、安山岩、流纹岩等。科学家们推测，超级火山爆发的间隔约为60万年。黄石火山最后一次爆发距今也已60多万年。这个超级火山一旦爆发，其喷发能量将达到2500多立方千米，与7万年前那次印尼托巴火山爆发只差300立方千米，但其规模将是1980年圣海伦斯火山爆发的2000多倍，1815年印尼坦博拉火山爆发的十几倍，释放的能量将超过地球上已有核武器的总和，相当数百万颗原子弹爆炸。2003年8—9月，黄石火山这个地球内部"定时炸弹"，引起媒体热炒。原因是，7月23日，公园内部分地区关闭，官方称是因为公园地底下的间歇泉热液出现异常现象，随即又发现黄石湖的湖床底部隆起一个100英尺（约30米）高的"大包"，长度达2000英尺（约600米），随时可能喷发。8月24日，监测到4.4

级地震，而且震源离地面仅 0.3 英里（约 480 米）；地表温度升高。美国地质专家认为，现在被监测的是何时会发生水热爆炸，不是这里的火山何时会爆发。目前没有火山即将爆约发的迹象，但将来可能会有。

可持续发展

面对日益严峻的地球环境问题，国际社会已经采取了一系列的措施，如《巴黎协定》旨在限制全球气候变暖，各种国际公约和协议也致力于保护生物多样性、减少污染等。同时，可持续发展的概念被广泛接受，旨在平衡经济发展和环境保护的关系。

1987 年，世界环境与发展委员会（WCED）在其报告《我们共同的未来》中正式使用了可持续发展概念，并对之做出了比较系统的阐述，产生了广泛的影响。

可持续发展的核心是实现经济增长、社会进步和环境保护的和谐统一。它强调在满足当代人的需求的同时，不能损害后代人满足其需求的能力。这一理念要求我们在发展过程中必须考虑到资源的有限性、环境的承载力以及社会的公平性。

可持续发展不仅是一个国家内部的议题，也是一个全球性的议题。联合国制定了 17 个可持续发展目标（SDGs），旨在到 2030 年实现包括消除贫困、改善教育和卫生条件、采取行动应对气候变化等在内的全球性挑战。这些目标呼吁所有国家共同采取行动，保护地球，改善所有人的生活和未来。

中国政府高度重视可持续发展，将其作为国家的基本发展战略，并在多个重要政策文件中予以体现。中国在实施可持续发展战略方面取得了显著成就，如在减少贫困、改善医疗卫生、提高教育水平等方面表现突出。同时，中国也在不断调整和优化产业结构，推动绿色低碳转型，以实现更高质量的经济发展。

可持续发展的实现需要全球各国的共同努力和合作，需要科技创新、政策支持、教育普及以及公众参与等多方面的配合。通过这些综合措施，我们可以朝着更加绿色、公平、健康的未来迈进，实现人类与自然的和谐共存。

实现可持续发展的高新技术

数字技术——就像可以帮助我们检测、诊断、治疗人类疾病一样，利用大数据、云计算、人工智能等数字技术手段也能够帮助我们监测、预测、识别环境风险，有效提升生态环境保护的系统性、协同性和精准性。目前，数字技术已经在环保领域得到广泛应用。

人工智能环境监测 可控核聚变发电装置

可控核聚变——可控核聚变是一种能够持续进行的核聚变反应，目标是实现安全、持续、平稳的能量输出。与核裂变相比，可控核聚变释放能量更大，原料来源丰富，产生的放射性废物少，且具有更高的安全性。在地球上建造的像太阳那样进行可控核反应的装置，被称为"人造太阳"。虽然仍处于研究和实验阶段，但其潜在的应用前景非常广泛。

碳捕捉与储存——碳捕捉与储存（Carbon Capture and Storage，CCS）作为一种新兴技术，在未来几十年里将对环境保护发挥重要作用。根据 CCS 协会的界定，捕捉技术可以通过以下三种方法之一来分离发电和工业过程中产生的气体中的二氧化碳：燃烧前捕捉、燃烧后捕捉和富氧燃料捕捉。随后，被捕捉的碳通过管道输送并储存在地下很深的岩层中。

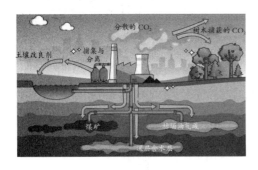

一种碳捕捉与储存原理示意图　　　　**智能电网**

智能电网——是建立在集成的、高速双向通信网络基础上，通过先进的传感和测量技术、先进的设备技术、先进的控制方法以及先进的决策支持系统技术，实现电网可靠、安全、高效、环境友好和使用安全的高效运行。它是电网技术发展的必然趋势，是社会经济发展的必然选择，旨在实现清洁能源的开发、输送和消纳，提高电网的灵活性和兼容性，增强安全防御能力和自愈能力，降低运营成本，促进节能减排。是应对 21 世纪能源供需矛盾的一次变革。

环境传感器——随着传感器、物联网、边缘计算等技术的发展，遍布各地的环境传感器网络将能够对环境变化进行实时感知、数据提取和精确分析，从而实现对环境变化更为精确的监测。

新型电池——能源是阻碍许多绿色技术发展的限制因素，亟须高效的能源存储，包括新型电池技术的辅助。众多创业公司正在该领域进行突破，例如储能技术开发商 Form Energy 专注于研发制造能够长期大量存储电能的硫基水系液流电池，并且为长达几个星期、几个月甚至几年的电力存储找到解决方案。

新型电池　　　　　　　　　　　植物性塑料

植物性塑料——塑料废弃物对环境的巨大破坏显而易见。为此，全球许多国家都已经颁布禁塑令，以限制一次性塑料的使用。可生物降解的植物性塑料是一种可行的解决方案。因为理论上，它们可以取代许多已经在流通的塑料产品。

石墨烯——石墨烯材料源于 2004 年在曼彻斯特大学首次发现的超薄石墨层。石墨烯比钢更坚硬，比纸更薄，比铜更导电，是一种真正的神奇材料。石墨烯只有一个原子厚，具有柔韧性、透明性和高导电性，因此适合于广泛的环境保护领域，例如水过滤、能够以最小损耗远距离传输能量的超导体，以及光伏应用等。通过大大提高现有材料的效率，石墨烯可能被证明是我们实现绿色重生的基石。

太阳能玻璃——太阳能玻璃是一种新型透明窗材料，能捕捉太阳的能量并将其转化为电能。作为一项新兴技术，它在建筑节能和可持续发展领域引起了广泛关注。

石墨烯产品结构图

太阳能玻璃

世界环境保护日

1972 年 6 月 5 日至 16 日，联合国在瑞典首都斯德哥尔摩召开联合国人类环境会议，通过《人类环境宣言》，并将每年 6 月 5 日定为"世界环境日"。同年 10 月，联合国大会正式确立。

世界环境日通过确立每年的主题并开展相关的宣传活动，反映了世界各国人民对环境问题的认识和态度，表达了人类对美好环境的向往和追求。这些活动包括但不限于巡河护水、清理杂物垃圾、打捞河面漂浮物等形式，以及在学校、社区等不同场合开展的主题宣传活动。世界环境保护日是一个全球性的环保宣传和行动的日子，通过各种形式的活动，提醒人们关注环境保护，共同努力构建清洁美丽的地球家园。